U0178911

席泽宗文集

第二卷

新星和超新星

席泽宗 著
陈久金 主编

科学出版社
北京

内 容 简 介

席泽宗院士是我国著名的科学史家，在新星和超新星、夏商周断代、科学思想史等研究领域做出了杰出贡献，是中国科学院自然科学史研究所的创始人之一、我国天文学史学科的引路人。本文集辑为六卷，所选内容基本涵盖了席院士学术研究的各个领域，依次为《科学史综论》《新星和超新星》《科学思想、天文考古与断代工程》《中外科学交流》《科学与大众》《自传与杂著》，所选内容基本涵盖了席院士学术研究的各个领域，展现了一位科学史家的学术生涯和思想历程，为学界和年轻人理解科学的本质和历史提供了一种途径。

本书可供对科学史、天文学、科普等感兴趣的读者阅读参考。

图书在版编目（CIP）数据

席泽宗文集. 第二卷，新星和超新星 / 席泽宗著；陈久金主编. —北京：科学出版社，2021.10

ISBN 978-7-03-068554-4

Ⅰ. ①席… Ⅱ. ①席… ②陈… Ⅲ. ①自然科学史-中国-文集 Ⅳ. ①N092

中国版本图书馆 CIP 数据核字（2021）第 062685 号

责任编辑：侯俊琳　邹　聪　张翠霞 / 责任校对：宁辉彩

责任印制：师艳茹 / 封面设计：有道文化

科学出版社 出版

北京东黄城根北街 16 号

邮政编码：100717

http://www.sciencep.com

中国科学院印刷厂 印刷

科学出版社发行　各地新华书店经销

*

2021 年 10 月第　一　版　开本：720×1000　1/16

2021 年 10 月第一次印刷　印张：12 3/4

字数：180 000

定价：128.00 元

（如有印装质量问题，我社负责调换）

编委会

主　　编　陈久金

副 主 编　张柏春　江晓原

编　　委　（按姓氏笔画排序）

王广超　王玉民　王传超　王泽文

王肃端　邓文宽　孙小淳　苏　辉

杜昇云　李　亮　李宗伟　陈　朴

钮卫星　侯俊琳　徐凤先　高　峰

郭金海　席　红

学术秘书　郭金海

出版说明

席泽宗院士是我国著名的科学史家，在新星和超新星、夏商周断代、科学思想史等研究领域做出了杰出贡献，是中国科学院自然科学史研究所的创始人之一、我国天文学史学科的引路人。本文集辑为六卷，依次为《科学史综论》《新星和超新星》《科学思想、天文考古与断代工程》《中外科学交流》《科学与大众》《自传与杂著》，所选内容基本涵盖了席院士学术研究的各个领域，展现了一位科学史家的学术生涯和思想历程，为学界和年轻人理解科学的本质和历史提供了一种途径。

文集篇目编排由各卷主编确定，原作中可能存在一些用词与提法因特定时代背景与现行语言使用规范不完全一致，出版时尽量保持作品原貌，以充分尊重历史。为便于阅读，所选文章如为繁体字版本，均统一转换为简体字。人名、地名、文献名、机构名和学术名词等，除明显编校错误外，均保持原貌。对参考文献进行了基本的技术性处理。因文章写作年份跨度较大，引文版本有时略有出入，以原文为准。

科学出版社

2021年6月

总　　序

席泽宗院士，是世界著名的科学史家、天文学史家。新中国成立以后，他和李俨、钱宝琮等人，共同开创了科学技术史这个学科，创立了中国自然科学史研究室（后来发展为中国科学院自然科学史研究所）这个实体，培养了大批优秀人才，而且自己也取得了巨大的科研成果，著作宏富，在科技史界树立了崇高的风范。他的一生，为国家和人民创造出巨大的精神财富，为人们永久怀念。

为了将这些成果汇总起来，供后人学习和研究，从中汲取更多的营养，在2008年底席院士去世后，中国科学院自然科学史研究所成立专门的整理班子对席院士的遗物进行整理。在席院士生前，已于2002年出版了席泽宗院士自选集——《古新星新表与科学史探索》。他这本书中的论著，是按发表时间先后编排的，这种方式，比较易于编排，但是，读者阅读、使用和理解起来可能较为费劲。

在科学出版社的积极支持和推动下，我们计划出版《席泽宗文集》。

我们邀集席院士生前部分好友、同行和学生组成了编委会，改以按分科分卷出版。试排后共得《科学史综论》《新星和超新星》《科学思想、天文考古与断代工程》《中外科学交流》《科学与大众》《自传与杂著》计六卷。又选择各分科的优秀专家，负责编撰校勘和撰写导读。大家虽然很忙，但也各自精心地完成了既定任务，由此也可告慰席院士的在天之灵了。

关于席院士的为人、治学精神和取得的成就，宋健院士在为前述《古新星新表与科学史探索》撰写的序里作了如下评论：

> 席泽宗素以谦虚谨慎、治学严谨、平等宽容著称于科学界。在科学研究中，他鼓励百家争鸣和宽容对待不同意见，满腔热情帮助和提掖青年人，把为后人开拓新路，修阶造梯视为己任，乐观后来者居上，促成科学事业日益繁荣之势。
>
> 半个多世纪里，席泽宗为科学事业献出了自己的全部时间、力量、智慧和心血，在天文史学领域取得了丰硕成就。他的著述，学贯中西，融通古今，提高和普及并重，科学性和可读性均好。这本文集的出版，为科学界和青年人了解科学史和天文史增添了重要文献，读者还能从中看到一位有卓越贡献的科学家的终身追求和攀登足迹。

这是很中肯的评价。席院士在为人、敬业和成就三个方面，都堪为人师表。

席院士的科研成就是多方面的。在其口述自传中，他将自己的成果简单地归结为：研究历史上的新星和超新星，考证甘德发现木卫，钻研王锡阐的天文工作，考订敦煌卷子和马王堆帛书，撰写科学思想史，晚年承担三个国家级的重大项目：夏商周断代工程、《清史·天文历法志》和《中华大典》自然科学类典籍的编撰出版，计9项。他对自己研究工作的梳理和分类大致是合理的。现在仅就他总结出的9个方面的工作，结合我个人的学术经历，作一简单的概括和陈述。

我比席院士小 12 岁，他 1951 年大学毕业，1954 年到中国科学院中国自然科学史研究委员会从事天文史专职研究。我 1964 年分配到此工作，相距十年，正是在这十年中，席院士完成了他人生事业中最耀眼的成就，于 1955 年发表的《古新星新表》和 1965 年的补充修订表。从此，席泽宗的名字，差不多总是与古新星表联系在一起。

两份星表发表以后，被迅速译成俄文和英文，各国有关杂志争相转载，成为 20 世纪下半叶研究宇宙射电源、脉冲星、中子星、γ 射线源和 X 射线源的重要参考文献而被频繁引用。美国《天空与望远镜》载文评论说，对西方科学家而言，发表在《天文学报》上的所有论文中，最著名的两篇可能就是席泽宗在 1955 年和 1965 年关于中国超新星记录的文章。很多天文学家和物理学家，都利用席泽宗编制的古新星表记录，寻找射线源与星云的对应关系，研究恒星演化的过程和机制。其中尤其以 1054 年超新星记录研究与蟹状星云的对应关系最为突出，中国历史记录为恒星通过超新星爆发最终走向死亡找到了实证。蟹状星云——1054 年超新星爆发的遗迹成为人们的热门话题。

对新星和超新星的基本观念，很多人并不陌生。新星爆发时增亮幅度在 9～15 个星等。但可能有很大一部分人对这两种天文现象之间存在着巨大差异并不在意甚至并不了解，以为二者只是爆发大小程度上的差别。实际上，超新星的爆发象征着恒星演化中的最后阶段，是恒星生命的最后归宿。大爆发过程中，其光变幅度超过 17 个星等，将恒星物质全部或大部分抛散，仅在其核心留下坍缩为中子星或黑洞的物质。中子星的余热散发以后，其光度便逐渐变暗直至死亡。而新星虽然也到了恒星演化的老年阶段，但内部仍然进行着各种剧烈的反应，温度极不稳定，光度在不定地变化，故称激变变星，是周期变星中的一种。古人们已经观测到许多新星的再次爆发，再发新星已经成为恒星分类中一个新的门类。

席院士取得的巨大成果也积极推动了我所的科研工作。薄树人与王健民、刘金沂合作，撰写了 1054 年和 1006 年超新星爆发的研究成果，分别发表在《中国天文学史文集》（科学出版社，1978 年）和《科技史文集》第 1 辑（上海科学技术出版社，1978 年）。我当时作为刚从事科研的青年，虽然没有撰文，但在认真拜读的同时，也在寻找与这些经典论文存在的差距和弥补的途径。

经过多人的分析和研究，天关客星的记录在位置、爆发的时间、爆发后的残留物星云和脉冲星等方面都与用现代天文学的演化结论符合得很好，的确是天体演化研究理论中的标本和样板，但进一步细加推敲后却发现了矛盾。天关星的位置很清楚，是金牛座的星。文献记载的超新星在其“东南可数寸”。蟹状星云的位置也很明确，在金牛座ζ星（即天关星）西北 1.1 度。若将“数寸”看作 1 度，那么是距离相当，方向相反。这真是一个极大的遗憾，怎么会是这样的呢？这事怎么解释呢？为此争议，我和席院士还参加了北京天文台为 1054 年超新星爆发的方向问题专门召开的座谈会。会上只能是众说纷纭，没有结论。不过，薄树人先生为此又作了一项补充研究，他用《宋会要》载“客星不犯毕”作为反证，证明“东南可数寸”的记载是错误的。这也许是最好的结论。

到此为止，我们对席院士超新星研究成果的介绍还没有完。在庄威凤主编的《中国古代天象记录的研究与应用》这本书中，他以天象记录应用研究的权威身份，为该书撰写了“古代新星和超新星记录与现代天文学”一章，肯定了古代新星和超新星记录对现代天文研究的巨大价值，也对新星和超新星三表合成的总表作出了述评。

1999 年底，按中国科学院自然科学史研究所新规定，无特殊情况，男同志到 60 岁退休。我就要退休了，为此，北京古观象台还专门召开了“陈久金从事科学史工作三十五周年座谈会”。席院士在会上曾十分谦虚地说：“我的研究工作不如陈久金。”但事实并非如此。席院士比我年长，我从没有研究能力到懂得和掌握一些研究能力都是一直在席院士的帮助和指导下实现的。由于整天在一室、一处相处，我随时随地都在向席院士学习研究方法。席院士也确实有一套熟练的研究方法，他有一句名言，“处处留心即学问”。从旁观察，席院士关于甘德发现木卫的论文，就是在旁人不经意中完成的。席院士有重大影响的论文很多，他将甘德发现木卫排在前面，并不意味着成就的大小，而是其主要发生在较早的“文化大革命”时期。事实上，席院士中晚期撰写的研究论文都很重要，没有质量高低之分。

“要做工作，就要把它做好!”这是他研究工作中的另一句名言。席院士的研究正是在这一思想的指导下完成的，故他的论文著作，处处严谨，没有虚夸之处。

在《席泽宗口述自传》中，专门有一节介绍其研究王锡阐的工作，给人的初步印象是对王锡阐的研究是席院士的主要成果之一。我个人的理解与此不同。诚然，这篇论文写得很好，王锡阐的工作在清初学术界又占有很高的地位，论文纠正了朱文鑫关于王锡阐提出过金星凌日的错误结论，很有学术价值。但这也只是席院士众多的重要科学史论文之一。他在这里专门介绍此文，主要是说明从此文起他开始了自由选择科研课题的工作，因为以往的超新星表和承担《中国天文学史》的撰稿工作，都是领导指派的。

邓文宽先生曾指出，席泽宗先生科学史研究的重要特色之一，是非常重视并积极参与出土天文文物和文献的整理与研究。他深知新材料对学术研究的价值和意义。他目光敏锐，视野开阔，始终站在学术研究的前沿，从而不断有新的创获。

邓文宽先生这一评价完全正确。席院士从《李约瑟中国科学技术史（第三卷）：数学、天学和地学》中获悉《敦煌卷子》中有 13 幅星图，并有《二十八宿位次经》、《甘石巫三家星经》和描述星官分布的《玄象诗》，他便立即加以研究，并发表《敦煌星图》和《敦煌卷子中的星经和玄象诗》。经过他的分析研究，得出中国天文学家创造麦卡托投影法比欧洲早了 600 多年的结论。瞿昙悉达编《开元占经》时，是以石氏为主把三家星经拆开排列的，观测数据只取了石氏一家的。未拆散的三家星经在哪里？就在敦煌卷子上。他的研究，对人们了解三家星经的形成过程是有意义的。

对马王堆汉墓出土的帛书《五星占》的整理和研究，是席院士作出的重大贡献之一。1973年，在长沙马王堆3号汉墓出土了一份长达8000字的帛书，由于所述都是天文星占方面的事情，席院士成为理所当然的整理人选。由于这份帛书写在2000多年前的西汉早期，文字的书写方式与现代有很大不同，需要逐字加以辨认。更由于其残缺严重，很多地方缺漏文字往往多达三四十字，不加整理是无法了解其内容的。席院士正是利用了自己深厚的积累和功底，出色地完成了这一任务。由他整理的文献公布以后，我曾对其认真地作过阅读和研究，并在此基础上发表自己的论文，证实他所作的整理和修补是令人信服的。

马王堆帛书《五星占》的出土，有着重大的科学价值。在《五星占》出土以前，最早的系统论述中国天文学的文献只有《淮南子·天文训》和《史记·天官书》。经席院士的整理和研究，证实这份《五星占》撰于公元前170年，比前二书都早，其所载金星八年五见和土星30年的恒星周期，又比前二书精密。故经席院士整理后的这份《五星占》已经成为比《淮南子·天文训》《史记·天官书》还要珍贵的天文文献。

席院士的另一个重大成果是他对中国科学思想的研究。早在1963年，他就发表了《朱熹的天体演化思想》。较为著名的还有《“气”的思想对中国早期天文学的影响》《中国科学思想史的线索》。1975年与郑文光先生合作，出版了《中国历史上的宇宙理论》这部在社会上有较大影响的论著。2001年，他主编出版了《中国科学技术史·科学思想卷》，该书受到学术界的好评，并于2007年获得第三届郭沫若中国历史学奖二等奖。

最后介绍一下席院士晚年承担的三个国家级重大项目。席院士是夏商周断代工程的首席科学家之一，工程的结果将中国的历史纪年向前推进了800余年。席院士在其口述自传中说，现在学术界对这个工程的结论争论很大。有人说，这个工程的结论是唯一的，这并不是事实。我们只是把关于夏商周年代的研究向前推进了一步，完成的只是阶段性成果，还不能说得出了最后的结论。我支持席院士的这一说法。

席院士还主持了《清史·天文历法志》的撰修工作。不幸的是他没能看到此志的完成就去世了。庆幸的是，以后王荣彬教授挑起了这副重担，并高质量地完成了这一任务。

席院士承担的第三个国家项目是担任《中华大典》编委会副主任，负责自然科学各典的编撰和出版工作。支持这项工作的国家拨款已通过新闻出版总署下拨到四川和重庆出版局，也就是说，由出版部门控制了研究经费分配权。许多分典的负责人被变更，自此以后，席院士也就不再想过问大典的事了。这是自然科学许多分卷进展缓慢的原因之一。这是席院士唯一没有做完的工作。

陈久金

2013年1月31日

序　言

浩瀚史籍探宝人——席泽宗和超新星

席泽宗院士是在国际上享有盛誉的天文学家和天文学史专家，已被8种世界名人录列传。在国际天文学界，他的名字总是与新星和超新星联系在一起。他对古代新星和超新星爆发记录的证认及整理工作，长期受到国际上的高度重视，蜚声于国际天文学和科学史两界。本卷收录的是席院士有关新星和超新星的文章，这些论文具有极高的学术价值，是他在国际上受到广泛关注和高度评价的学术渊源。席泽宗院士在新星和超新星方面的研究文章如目录中所列共 11 篇，其成果重要性在《中国古代天象记录的研究与应用》(中国科学技术出版社，庄威凤主编，2009年)第三章中作了高度概括和翔实解读。为深入研究和学习及理解这些科学成就，本卷先简介超新星和它们的遗迹及新星的科学内涵，然后重点研读《古新星新表》《远东古代的天文记录*在现代天文学中的应用》

---

* 原始文献为"纪录"，按现今语言文字习惯，改为"记录"，余同，不再一一标注。——编辑注

《古代新星和超新星记录与现代天文学》等科学论文，最后介绍国际上对席先生的学术研究的高度评价。

一、超新星

超新星（supernova）是某些恒星演化到终期时的灾变性爆发。爆发时光度约为 10^{10} 太阳光度（相当于整个星系的光度），释放能量约 10^{53} 尔格，光变幅超过 17 个星等，即增亮千万倍至上亿倍。这是恒星世界中已知的最激烈的爆发现象之一。它抛射的质量范围为 1～10 太阳质量，抛射物质的速度为每秒几千至几万千米；爆发时典型的动能为 10^{51} 尔格。爆发结果或是将恒星物质完全抛散，成为超新星遗迹（supernova remnant，SNR）；或是抛射掉大部分质量，核心遗留下的物质坍缩为中子星或黑洞。超新星爆发后形成强的射电源、X 射线源和宇宙线源。超新星爆发标示了一颗恒星的壮烈死亡，但是也触发了新一代恒星的诞生，它与恒星的生与死密切相关，因此超新星成了众多天文学及物理学分支研究的课题。超新星处于许多不同天文学研究分支的交汇处。超新星作为许多种恒星生命的最后归宿，可用于检验当前的恒星演化理论。在爆炸瞬间及爆炸后观测到的现象涉及各种物理机制，如中微子和引力波发射、燃烧传播及爆炸核合成、放射性衰变及激波同星周物质的作用等。而爆炸的遗迹如中子星或黑洞、膨胀气体云起到加热星际介质的作用。超新星在产生宇宙中的重元素方面扮演着重要角色，宇宙大爆炸只产生了氢、氦及少量的锂，红巨星阶段的核聚变产生了各种中等质量元素（重于碳但轻于铁）。而重于铁的元素几乎都是在超新星爆炸时合成的，它们以很高的速度被抛向星际空间。此外，超新星还是星系化学演化的主要“代言人”。在早期星系演化中，超新星起了重要的反馈作用。星系物质丢失及恒星形成等可能与超新星密切相关。由于超新星非常亮，它被用来确定距离。将距离同超新星母星系的膨胀速度结合起来就可以确定哈勃常数及宇宙的年龄。Ia 型超新星已被证明是强有力的距离指示器。最初是通过标准烛光的假定，后来是利用光变曲线形状等参数来标定峰值光度。作为室女团以外最好的距离指示器，其校准后的峰值光度弥散仅为 8%，并且能延伸到 500 百万秒差距（1 秒差距等于 3.26 光年）的遥远距离处。Ia 超新星的哈勃图（星等–红移关系）现在成为研究宇宙膨胀历史的最强有力的工具：其线性部分用于确定哈勃常数；弯曲部分可以研究宇宙膨胀的演化，如加速膨胀，以及构成宇宙的不同物质及能量组分。高红移 Ia 超新星的光变曲线还可用于检验宇宙膨胀理论（该研究已获得 2011 年诺贝尔物理学奖）。理论预计由于宇宙膨胀而引起的时间膨胀效应将会表现在高红移超新星光变曲线上。观测数据表明红移 z 处的 Ia 超新星光变曲线宽度为 $z=0$ 处的（$1+z$）倍，这为膨胀宇宙理论提供了又一个有力的支持。某些Ⅱ型超新星也可用于确定距离。Ⅱ-P 型超新星在平台阶段抛射物的膨胀速度与它们的热光度相关，这也用来进行距离测定。经相关改正后，原来Ⅱ-P 型超新星 V 波段的约 1 星等的弥散可降到约 0.3 星等的水平，这提供了另一种独立于超新星Ⅰa 的测定距离的手段。

二、著名历史超新星

在中国悠久的历史中存有丰富的天象记录。“官方”的天文历法机构——钦天监等——负责观测并记录包括彗星、流星雨等天象。其中有一类天体称作“客星”，意思是该位置上原来没有可见的星，后来突然出现一颗，故称为客星。1054 年，即宋朝至和元年，在《宋会要》中就有一颗“客星”的记载，“至和元年五月晨出东方，守天关，昼见如太白，芒角四出，色赤白，凡见二十三日”；《续资治通鉴长编》中也有“客星”的记载，“至和元年五月己丑（1054 年 7 月 4 日），客星出天关东南，可数寸，岁余消没”。其意思是说，在金牛座的区域有一客星突然出现，白天都能见到如金星那样的光芒。它最亮时达到了负 2 星等（通常记为-2^{m}），而随后将近一个月的时间亮度维持在 6 星等（天文学上星等数越大天体越暗）以上。世界上现代天体物理教科书都将 1054 年超新星与中国天文记录联系在一起。上个千年银河系有 7 颗历史超新星（表 1）。

表 1　7 颗历史超新星

类别	超新星名						
	AD185	AD393	AD1006	AD1054	AD1181	AD1572	AD1604
所在星座	半人马座	天蝎座	豺狼座	金牛座	仙后座	仙后座	蛇父座
超新星遗迹	RCW86	CTB37	PKS1459-41	蟹状星云	3C58	Tycon	Kepler

唯有中国对所有历史超新星都有详细的记录，它已成为世界的宝贵财富。

三、超新星遗迹

超新星爆发时遗留的残骸，一般指星云状遗迹。超新星爆发时，大质量星的外层或整个炸碎的星向周围空间迅猛地抛出大量物质，这些物质在膨胀过程中和星际物质互相作用，形成丝状气体云和气壳，遗留在空间，成为非热射电源，这就是超新星遗迹。1976 年克拉克等所列的射电源表中有 120 个超新星遗迹。现在常用的是英国剑桥大学格林（D. A. Green）编写并不断修订的超新星遗迹星表（http://www.mrao.cam.ac.uk/surveys/snrs/），它包括 294 个超新星遗迹。表中给出每个超新星遗迹的银道和赤道坐标、尺度大小、类型、能流密度，以及总计近万篇参考文献。

1. 分类

超新星遗迹 80%已分类，目前分为三大类：①壳层型，占 86%，天鹅座环是典型代表，超新星爆发形成的激波扫过星际空间，加热并堆集星际物质，产生由热物质组成的大壳层，观测时看到环状星云，天文学称为临边增亮。②蟹状星云型，占 10%。该类也称为实心型，它的中心包含脉冲星，周围向外喷射高速物质。1844 年罗斯（Rosse）发现了银河系中最迷人的星云，其形状像螃蟹，从而得名蟹状星云。③复合型，是蟹状星云型和类壳层型的交叉组合，它又分为热型和实心型。热型是射电波段表现在壳层，X 射线呈现为实心且有谱线；实心型是 X 射线和射电波段都呈现为实心。

2. 射电特征

各种射电波段上的亮温度分布观测表明，超新星遗迹都具有壳层结构，即源的外层辐射强，向内迅速减弱。普遍认为其辐射性质是相对论性电子的同步加速辐射。1960 年，什克洛夫斯基首先根据这种非热辐射机制指出，超新星遗迹的表面亮度 Σ 和直径 d 间存在着 $\Sigma \propto d^{\beta}$ 的演化关系（β 是负值常数，有人取为−4.0），并准确地预言了仙后座 A 射电流量密度随时间递减的规律。超新星遗迹的辐射是偏振的，但偏振度不大。表征射电流量密度 S 随频率变化（$S \propto \nu^{-\alpha}$）的射电频谱指数 α 一般为 0.12～0.8，平均为 0.5。

3. 著名的超新星遗迹

迄今研究得最详细的超新星遗迹是蟹状星云。根据中国古代天文记载，确认它是 1054 年爆发的超新星的遗迹。仙后座 A 是天空中除太阳以外最强的射电源，光学观测表明，它是一个有缺口的不完全壳层（上面有大量的丝状物和云斑），缺口处有一向外延伸约 4′ 的亮斑，壳层的膨胀速度为每秒约 7400 千米。在银河系里它是迄今发现的最年轻的超新星遗迹，一般估计是 17 世纪末的一次超新星爆发后遗留下来的（超新星的具体爆发年代仍在研究中）。天鹅座环是一个有名的年老的超新星遗迹。它的光学外形是一个破碎的壳层，膨胀速度已经很小，每秒约 115 千米。位于豺狼座的射电源 MSH14-415（又名 PKS1459-41）是历史记载中最亮的超新星，它爆发于 1006 年，在中国、日本、阿拉伯和欧洲的史籍中都有关于这一事件的观测记载，但到 1976 年才得到光学证认。它是一条长 10′、宽 1″～9″ 的非常暗弱的丝状云，位于射电亮度分布图的东北方向外边缘处。另外两个已知年龄的超新星遗迹是第谷超新星遗迹（即射电源 3C10）和开普勒超新星遗迹（即射电源 3C358），它们分别是 1572 年和 1604 年爆发的超新星。在超新星遗迹中，除蟹状星云中发现有光学脉冲星外，第二个光学脉冲星是在船帆座 X、Y、Z 中发现的。

四、新星

新星（nova）是激变变星（cataclysmic variable，CV）的一种，按光变的原因属爆发变星。“激变变星”这个天文学名词中的“激变”一词源自希腊文，意谓泛滥、灾难。激变变星与激变双星是同义词，因为这类变星都是双星、主星白矮星吸积充满洛希瓣的伴星的富氢物质。这类变星主要包括新星、再发新星、类新星、矮新星、磁激变变星。激变变星新星表列出了1323颗星的数据（2003年）。

新星是可见光波段第一次观测到的亮度在几天内突然剧增，增亮幅度多数在9～15个星等，然后在几个月到若干年期间内有起有伏地下降到爆发前状态的天体，新星光谱随光变发生阶段性的变化，并以每秒100～5000千米的速度抛射物质。新星的全称是“经典新星”。一般来说，新星平均增亮11个星等，就相当于增亮几万倍。“新星”这个名称容易引起误解，实际上，它并不是“新”诞生的星，它是已演化到老年阶段的星，这种星在爆发前通常甚暗，一般是看不见的，只在爆发后一段时期内才相当明亮，有的甚至亮到影响星座的形状，所以曾经被误认为是新生的星而取名“新星”，并沿用至今。亮度突然增大是白矮星吸积物质由热核燃烧产生的一种爆发过程，能量释放平均达10^{45}～10^{46}尔格/秒，抛射的物质为10^{-5}～10^{-3}太阳质量，抛射速度为500～2000千米/秒。新星按光度下降速度分为快新星、慢新星和非常慢新星三类。

新星的命名通常是在新星的星座名称前面加N，在后面加爆发年份，如NHer1934表示1934年武仙座新星。随后新星又纳入变星的命名系统，如1934年武仙座新星即武仙座DQ。最早作光谱研究的新星是北冕座T（1866年），但后来知道它是再发新星。用照相方法研究的第一颗新星是御夫座T（1891年）。有最完整光学观测资料的新星是武仙座DQ（1934年）。20世纪以来，银河系内出现的新星最亮的是1918年天鹰座新星（天鹰V603），亮度极大时目视星等达-1.1^{m}，一度成为仅次于天狼星的亮星。

1975 年天鹅座新星是一颗很特殊的新星，亮度极大时目视星等为-1.8^m，接近天鹅座 α 的亮度，在美国帕洛马山天文台的巡天照片上在该新星位置处没有亮于 21^m 的星，这表明该新星增亮幅度超过 19 个星等。《银河新星参考图表》(1987 年) 中收集了 1670～1986 年发现的 277 颗银河新星和有关恒星的资料；1997 年发表的激变变星表中列出了新星 276 颗。由于银河系中新星太多，自古代起人类就有关于新星爆发的历史记载，中国古代有极丰富的新星观测记录。

在其他星系中也搜寻到新星。仙女大星云（M31）中已发现有 200 多颗新星。M81、M33、大麦哲伦星系（LMC）、小麦哲伦星系（SMC）等不少星系中也找到了新星。研究表明，在不同的星系中，新星出现的频数大小相同。

现在我们沿着席先生研究古代历史文献的艰苦卓绝的历程来探究其科学攀登过程和国际的高度评价。

席泽宗是中国科技史界的元老，中国科学院自然科学史研究所的创始人之一。早在 1954 年成立中国科学院自然科学史委员会时，席泽宗就是少数几个专职研究人员之一。他一进入这个领域，就应国际科学界的要求，受中国科学院副院长竺可桢的委托，承担了一项重要任务：系统研究中国古代文献关于新星和超新星的记录，为全世界的天文学家寻找超新星遗迹并进一步研究恒星的演化过程和新星爆发的机制等提供史实和佐证。

席泽宗出色地完成了这项工作，他的研究过程犹如一名高明的拳击运动员打出的一套组合拳。首先于 1954 年发表了《从中国历史文献的记录来讨论超新星的爆发与射电源的关系》(《天文学报》第 2 卷第 2 期，1954 年，177～184 页)，讨论超新星与射电源的关系，并试排了一份 30 颗新星记录表。第二年又在《天文学报》上正式公布了一份中国《古新星新表》(《天文学报》第 3 卷第 2 期，1955 年，183～192 页)。在此之前，瑞典天文学家伦德马克仅依据《文献通考》和《续文献通考》编制了古新星表，几乎全世界研究与此有关课题的天文学家都在应用这份星表，但是这位瑞典天文学家显然没有驾驭汉语和辨别真伪记录的能力。这个任务便落在席泽宗的肩上。由于中国古代的新星记录与彗星、流星记录都通称为客星，必须排除彗星和流星记录，才能制成一份准确可靠的古新星表，席泽宗在《古新星新表》中列举了5条被伦德马克误当作新星而实际是彗星的记录。

在1955年发表《古新星新表》时，他充分利用中国古代在天象观测资料方面完备、持续和准确的巨大优越性，考订了从殷代到1700年间的90次新星和超新星爆发记录，成为这方面空前完备的权威资料。《古新星新表》发表后很快引起美国、苏联两国天文学家的重视，两国都先在报纸杂志上作了报道，随后在专业杂志上全文译载。俄译本和英译本的出现使得这一成果被各国研究者广泛引用。在国内，竺可桢副院长也给以它很高的评价，竺可桢曾一再介绍，临终前还将它和《中国地震资料年表》并列为中华人民共和国成立以来我国科学史研究的两项重要成果。随着射电天文学的迅速发展，《古新星新表》日益显示出其重大意义。

随着国际上对新星、超新星和射电源研究的深入和对有关资料的迫切需求，席泽宗和薄树人合作，于1965年又发表了《中、朝、日三国古代的新星记录及其在射电天文学中的意义》(《天文学报》第13卷第1期，1965年，1～22页)。此文在《古新星新表》的基础上作了进一步修订，又补充了朝鲜和日本的有关史料，制成一份更为完善的古代新星和超新星爆发编年记录表。同时确立了七项鉴别新星爆发记录的根据和两项区分新星和超新星记录的标准，并讨论了超新星的爆发频率。这篇论文在国际上产生了更大的影响。第二年（1966年）美国《科学》(*Science*)第154卷第3749期译载了全文，同年美国国家航空航天局（NASA）又出版了一种单行本。20世纪末，世界各国科学家在讨论超新星、射电源、脉冲星、中子星、X射线源、γ射线源等最新天文学研究对象时，经常引用以上两文。

20世纪60年代以来，天文学乃至高能天体物理方面的一系列新发现，都和超新星爆发及其遗迹有关。例如，1967年发现的脉冲星，不久被证认出正是恒星演化理论所预言的中子星。许多天文学家认为中子星是超新星爆发的遗迹。而有一部分恒星在演化为白矮星之前，也会经历超新星爆发阶段。超新星爆发还会形成X射线源、宇宙线源等。这正是席泽宗对新星和超新星爆发记录的证认和整理工作在世界上长期受到重视的原因。

国内外天文专家对《古新星新表》给予很多很高的评价，举例如下。

（1）1954年中国科学院副院长竺可桢在参加苏联天体演化论第四次会议的报告中说："什克洛夫斯基教授为了证实超新星的爆发、射电源与蟹状星云三者的密切关系，为了说明白矮星是超新星爆发后所剩下的，为了说明超新星爆发时所抛出的物质即是星际物质，便需要了解约在1000年以前在金牛座是否有超新星爆发的详细记载，以证明他的推论是否正确。为此，苏联科学院天文史委员会主席库里考夫斯基写信给中国科学院，希望在我国古代天文记录中找一找是否有类似的记载……1953年11月间，我们接到库里考夫斯基来信之后，曾请我院席泽宗同志用了半年时间，搜集了我国历史上关于新星的记载。在搜集过程中发现我国历史上所记载的客星为数甚多……什克洛夫斯基教授为了需要材料要我们查的另外4个新星的方位和年代，我们也找到了其中3个，此外并找出可能是超新星或新星的41个记载，已由席泽宗同志概略地算出它们的银经、银纬。由于这些记载可以提供新星和超新星研究上的新材料和助证，因而引起到会同人们极大兴趣。"

（2）什克洛夫斯基于1955年在其《无线电天文学》一书中首先对席泽宗的工作做出了评论："……中国天文工作者席泽宗特别从事研究这个问题，不久前寄给我们一系列的重要的古代史料……无线电天文学的成就和伟大中国的古代天文学家的观测记录联系起来了。这些人的劳动经过几千年后，正如宝贵的财富一样，把它放入了20世纪50年代的科学宝库。我们贪婪地吸取史书里的一行行字，这些字的深刻和重要的含义使我们获益良多。"

（3）英国伦敦皇家学会会士李约瑟博士在其《中国科学技术史》第

三卷(1959年)中指出:“伦德马克(1921)的重要论文已被席泽宗(1955)的代替，新表比旧表优越……这一值得欢迎的工作的首次成功，已由席泽宗的论文加以报道。什克洛夫斯基认为有6个‘中国新星’是射电源，席泽宗只认可了其中4个，而修正了2个。另外，他又增添了11个新星，它们的方位和目前研究中的射电源很接近。”

（4）美国科学院院士、国际天文学联合会原主席斯特鲁维（O. Struve）和泽伯格斯（V. Zeberges）在《二十世纪天文学》(1962年）一书中说：“中国天文学家席泽宗对这一证认（指伦德马克对仙后座A射电源证认——编者注）提出了怀疑……闵可夫斯基在考虑了席泽宗的意见和其他因素以后，于1958年在巴黎射电天文学会议上把这次超新星爆发改定在1700年左右。”在他们这一重要著作中只提到一项中国天文学家的工作，即席泽宗的《古新星新表》。

（5）美国克里福特·西麦（C. D. Simark）在《太空揽胜》(1969年）一书中写道：“现在明白，作为古代天空的观星者，东方天文学家要比欧洲天文学家高明得多。1965年有两位中国学者，用中文发表了一篇论文，现在已有英译本，他们对中、朝、日三国天文学家著作里所说的‘客星’加以研究。因为对天空的描述许多时候都很模糊，又因为古时作者不像现在那样要求精确，所以要从那些观察文字中拣出无可争辩的代表新星或超新星来，这份工作也就异常困难。最后，这两位中国学者从书上差不多1000次观察中，认为90次可能是新星或超新星……从这些记录看，在过去2000年中，似乎可能有多至14颗超新星在我们的银河系里闪耀起来，这和每300年发生一次超新星爆发的估计，不无出入的地方。”

（6）英国著名天体物理学家克拉克（D. Clark）和历史学家斯蒂芬森（F. Stephenson）于1977年合著的《历史超新星》一书中说：“第一个现代新星和超新星星表是席泽宗编的……美国史密松森（Smithsonnian）天体物理中心把席泽宗的星表翻译出来，译得很好。”

（7）英文版《中国天文学和天体物理学》(*Chinese Astronomy and Astrophysics*）杂志主编、爱尔兰丹辛克天文台的江涛，在1977年10月的美国《天空与望远镜》杂志上撰文说："对西方科学家而言，发表在《天文学报》上的所有论文中，最著名的两篇可能就是席泽宗在 1955 年和 1965 年关于中国超新星记录的文章。"

对于利用历史资料来解决天文学课题，席泽宗长期保持着注意力。1981 年席先生去日本讲学时曾指出："历史上的东方文明绝不是只能陈列于博物馆之中，它在现代科学的发展中正在起着并将继续起着重要的作用。"这段话是令人深思的。

席泽宗院士在新星和超新星方面的研究文章参见本书目录，关于其成果重要性，他在《中国古代天象记录的研究与应用》(2009 年)中作了详细的解读。该书说明古代天象记录中，中国古代天文学的重大成就之一，是一份极其珍贵的科学遗产，至今仍有重大的科学价值。该书是一部对中国古代丰富多彩的天象记录进行全面的、综合性研究的著作，它集对多种天象记录在现代天文学课题研究中的应用于一书，更充分地展现中国古代天象记录的准确可靠性和科学价值。席先生亲自撰写了这一卷的第三章"古代新星和超新星记录与现代天文学"，该章对古代新星和超新星的研究作了全面的总结和论述，文章共 44 页分 3 节。第一节"天关客星遗迹——蟹状星云"，用现代天体物理观点分析了超新星与脉冲星、中子星之间的密切联系和辐射机制；第二节"超新星遗迹的证认"，用非常翔实的资料，引经据典分析了研究超新星遗迹的艰难历史过程，以及国际的反响和评价；第三节"历史新星和超新星三表述评"，用更新的观点详细地分析了三个星表[1965 年席泽宗和薄树人(简称 XB)，1977 年英国克拉克和斯蒂芬森(简称 CS)，1988 年李启斌(简称 Li)]，在统计和分析的基础上将三个星表的新星和超新星记录归纳为一个星表(130 项)并进行一些评述，其中有 34 项是三个星表都选用的。最后他郑重指出："证认工作是非常艰难的，即使是上述 3 个表都已列入的 34 项，使用时也还要认真地核对和分析。我们希望从过去的记录中找到更多的新星或超新星，但事实上不少记录似是而非，把它们排除掉将更有利于超新星的证认。"

阅读席先生这些文章时，我们感到“中国古代天文学建树非凡，遗泽久长，是我们民族的骄傲”。国际著名科技史专家英国李约瑟指出：“现代天文学在许多场合，都曾求助于中国的天象记录，并得到良好的结果，一个显著的例子是新星和超新星的出现。”同时，席先生在天文学史研究中“呕心沥血，坚持战斗在‘冷’专业，奋斗到了最后一息”的精神使我们感到钦佩并备受激励。

李宗伟

2012年7月6日

目录 CONTENTS

从中国历史文献的记录来讨论超新星的爆发与射电源的关系

1931 年，杨斯基在研究波长 14.7 米的大气无线电障碍（атмосферные радиопомехи）时，发现了地球外部射电源的存在，给天文学找到了一个新的研究对象。这对象对于天体物理学者来说是一个崭新的问题[1]。从那时起到现在，在这短短的 20 多年中间，无线电天文学得到了迅速的发展，发现的不连续射电源已经在 200 个以上[2]。最近许多天文学家认为这些不连续射电源可以分为两大类。第一类的数目比较多，辐射强度大，而且向银河平面集中；第二类的辐射强度很小，也未发现有任何向银河平面集中的趋势[3]。似乎第二类射电源与河外星云有关，第一类射电源与星云——大部分是超新星的残迹有关。什克洛夫斯基教授将伦德马克[4]文中所列的近 2000 年中爆发的 9 颗超新星的位置和亮度与米尔斯[3]文中所列波长为 3 米、强度在 $3\times10^{-24}\frac{\text{瓦特}}{\text{米}^2\text{周/秒}}$ 以上的 8 个射电源的位置和强度相对照，发现有 6 个是吻合的，其数据如表 1 所示[5]。

表 1 中的 6 颗超新星，除 827 年的以外，皆从中国历史文献中查得，并应用陈遵妫的《恒星图表》将中国古代三垣二十八宿的位置，变换为相应的现今星座的位置。又利用巴连那果《星系学》的附表将位置概略地计算出其银经、银纬。最后用陈垣的《中西回史日历》将中国纪元化为公元年、月、日，其结果如表 2 所示。

表 2 与表 1 中第 3 号的位置不相符合，但是在《汉书·天文志》中却有一个记载很相符合，即“（汉）哀帝建平二年二月，彗星出牵牛七十余日”。汉哀帝建平二年二月，相当于公元前 5 年 3 月。牵牛即天鹰座 α 星，其位置为

$$\begin{cases}\alpha = 19^{\mathrm{h}}40^{\mathrm{m}} \\ \delta = 10^{\circ}\end{cases} \qquad \begin{cases}l = 16^{\circ} \\ b = -8^{\circ}\end{cases}$$

天鹰座的那个射电源或许不是爆发于 386 年、发亮 3 个星期的那颗超新星的，而是发亮 70 多天的这颗超新星的残迹。

最近 2000 年中爆发的 9 颗超新星（至少 9 颗），除表 1 中的 6 颗外，其余 3 颗是在 1203 年、1572 年和 1604 年。这 3 颗超新星中国史书中亦都有记载，兹分述如下。

（1）“（宋）嘉泰三年六月乙卯，出东南尾宿间，色青白，大如填星。甲子，守尾。”（《宋史·天文志》）

“（宋）宁宗嘉泰三年六月乙卯，东南方泛出一星在尾宿，青白色，无芒彗，系是客星，如土星大。”（《文献通考》）

由这两段文字可以看出是 1203 年 7 月 28 日超新星出现于天蝎座，至 8 月 6 日仍可看见，其星等如土星，而位置为

$$\begin{cases}\alpha = 17^{\mathrm{h}} \\ \delta = -40^{\circ}\end{cases} \qquad \begin{cases}l = 314^{\circ} \\ b = -1^{\circ}\end{cases}$$

在这个位置上去寻求射电源将是件很有意义的工作，不过这个射电源的强度将是非常小的。

（2）“（明）隆庆六年冬十月丙辰，彗星见于东北方，至万历二年四月乃没。”（《明史稿·神宗本纪》）

这颗彗星即著名的第谷新星，以前认为中国没有记载，这是不对的。按这段文字的记载是 1572 年 11 月 8 日超新星出现于东北方，至 1574 年 5 月不见。我们比第谷早发现三天，而且还比他多观测了一个多月（第

表 1

号数	超新星的资料								射电源的资料					
	爆发时间	α	δ	l	b	可见时间	m	权	α1950.0	δ1950.0	l	b	以 $10^{-24}\frac{\text{瓦特}}{\text{米}^2\text{周/秒}}$ 为单位的强度	角直径
1	185 年 12 月 7 日	14^h20^m	−60°	282°	0°	8 月	-6^m	3	$13^h35^m\pm8^m$	−60°15′±5′	276°	0°	7.5	—
2	369 年 3 月	0±	+60°±	85°	−2°	6 月	-3^m	3	$23^h21^m12^s$	+58°±32′	80°	−2°	220	5′.5
3	386 年 4 月	19^h8^m	+8°	15°	−11°	0.7 月	m=♀	0	$19^h00^m\pm8^m$	+7°±1°	7°	−2°	3.0	—
4	827 年 4 月	17^h±	−30°±	322°	+5°	4 月	-10^m	3	$17^h55^m\pm4^m$	−29°±20′	330°	+4°	30	35′
5	1006 年 5 月	16^h7^m～18^h	−45°	312°	−7°	3.5 月	m=♀	3	$17^h20^m\pm4^m$	−39°±20′	317°	−4°	4.0	—
6	1054 年 7 月 4 日	5^h5^m	+20°	154°	−5°	6 月	-6.5^m	2	$5^h30^m\pm1^m$	+22°±20′	152°	−4°	19	4′

表 2

号数	原文	书名	星座	时间	α	δ	l	b
1	（后汉）中平二年十月癸亥，客星出南门中，大如半筵，五色喜怒稍小，至后年六月消***	《后汉书》《文献通考》	半人马座	185 年 12 月 7 日出现，至 186 年 7 月不见	14^h20^m	−60°	282°	0°
2	（晋）海西公太和四年二月，客星见紫宫西垣，至七月乃灭	《文献通考》《通志》	仙后座	369 年 3 月出现，至 8 月不见	—	—	—	—
3	（晋）孝武太元十一年三月，客星在南斗，至六月乃没	《文献通考》《通志》	人马座	386 年 4 月出现，至 7 月不见	18^h40^m	−25°	338°	−11°*
4	—	—	—	—	—	—	—	—
5	（宋景德）三年三月乙巳，客星出东南方	《宋史》《文献通考》	—	1006 年 4 月 3 日**	—	—	—	—
6	（宋）至和元年五月己丑，客星出天关东南，可数寸，岁余消没	《宋史》	金牛座 ζ 星东南	1054 年 7 月 4 日	5^h40^m	+20°	155°	−3°

* 位置不对，可见时间的长度不对。

** 表 2 与表 1 中第 5 号的爆发时间不完全一致，尊重原文。——编辑注

*** 引文各版本之间略有出入，非严格一一对应，余同，不再一一标注。——编辑注

谷是在 1572 年 11 月 11 日发现的，到 1574 年 3 月以后就再没有观测）。1952 年在这颗超新星的位置上发现了一个弱的射电源[6]。

（3）“（明万历）三十二年九月乙丑，尾分有星如弹丸，色赤黄，见西南方，至十月而隐。十二月辛酉，转出东南方，仍尾分。明年二月渐暗，八月丁卯始灭。”（《明史》）

英人威廉姆斯所著的 *Observations of Comets*（又名 *Comets Observed in China*）一书中，竟错误地把这颗超新星认为是彗星。其实这即著名的开普勒新星。以前认为中国没有记载，这是不对的。从这段史料中可以看出：我们是与布诺斯基（Brunoski）同一天（1604 年 10 月 10 日）发现的，而且自始至终都有记录。在这个超新星的位置上，现在还没有发现射电源。

波长 3 米，强度在 $3\times10^{-24}\dfrac{\text{瓦特}}{\text{米}^2\text{周/秒}}$ 以上不能与超新星对照的其他两个射电源，一个在南三角座：

$$\begin{cases}\alpha = 16^{\mathrm{h}}10^{\mathrm{m}} \pm 8^{\mathrm{m}} \\ \delta = -65°45' \pm 5'\end{cases}$$

另一个在船帆座：

$$\begin{cases}\alpha = 8^{\mathrm{h}}35^{\mathrm{m}} \pm 4^{\mathrm{m}} \\ \delta = -42° \pm 45'\end{cases}$$

船帆座的这个射电源似乎与光谱型属于 O 型的该座 γ 星附近的气体弥漫星云有关。至于南三角座的则至今尚未在那里发现星云，什克洛夫斯基认为只有在中国南方的史料中可能发现在那儿有新星爆发的记载[5]，但我们这次对中国史料中新星考查的结果，并未发现有记载。这可能是所收集的资料不完全所致。对这个问题还有待于进一步的研究。

此外，将所收集的新星资料与什克洛夫斯基《无线电天文学》中天空射电源的分布图对照，还有一些新星（也许就是超新星）可能与射电源有关，现在把它们列在表 3 中，供大家探讨。

最后，再将从中国历史文献中所查得的可能是有关新星爆发的（取银纬在±25°以内者）30 宗记录，列在表 4 中，以供参考。不过，必须指出：这里所收集的资料不算完全，而且表中所列的也可能有的是彗星，因此还需要继续调查研究。

表 3

号数	原文	书名	时间	α	δ	l	b	星座
1	（汉）高帝三年七月，有星孛于大角，旬余乃入	《汉书》《文献通考》	公元前 204 年 8 月	14^h20^m	+20°	346°	+66°	牧夫座 α 星附近
2	（汉）元凤五年四月，烛星见奎、娄间	《汉书》	公元前 76 年 5 月	1^h20^m	+25°	101°	−36°	双鱼座
3	（汉）元帝初元元年四月，客星大如瓜，色青白，在南斗第二星东可四尺	《汉书》	公元前 48 年 5 月	18^h	−25°	335°	−4°	人马座
4	（后汉永元）十三年十一月乙丑，轩辕第四星间有小客星，色青黄	《后汉书》	101 年 12 月 30 日	9^h20^m	+35°	158°	+47°	天猫座 40 星附近
5	（后汉建安）十七年十二月，有星孛于五诸侯	《后汉书》《通志》	212 年 1 月	7^h	+30°	155°	+18°	双子座
6	（晋太元）十八年春二月，客星在尾中，至九月乃灭	《通志》	393 年 3 月出现，至 11 月不见	17^h	−40°	314°	−1°	天蝎座*
7	（陈）宣帝太建七年四月丙戌，有星孛于大角	《隋书》《通志》	575 年 4 月 27 日	14^h20^m	+20°	346°	+66°	牧夫座 α 星附近**
8	（唐）永淳二年三月丙午，有彗星于五车北，四月辛未不见	《旧唐书》《新唐书》《文献通考》	683 年 4 月 20 日出现，至 5 月 15 日不见	5^h	+40°	134°	+1°	御夫座
9	（宋）绍定三年十一月丁酉，有星孛于天市垣屠肆星之下，明年二月壬午乃消	《宋史》	1230 年 12 月 15 日出现，1231 年 3 月 30 日不见	18^h20^m	+20°	16°	+13°	武仙座 109 星附近
10	（元）大德元年八月丁巳，祆星出奎，九月辛酉朔，祆星复犯奎	《元史》	1297 年 9 月 9 日	1^h	+30°	95°	−32°	仙女座与双鱼座之间
11	（明宣德五年）十二月丁亥，有星如弹丸，见九斿旁，黄白光润，旬有五日而隐。六年三月壬午，又见	《明史》	1431 年 1 月 4 日	5^h	−10°	177°	−27°	波江座

* 与 1203 年的超新星有同样可能；** 与本表第 1 号有同样可能。

表 4

号数	原文	书名	时间	星座	α	δ	l	b
1	（汉）元光元年六月，客星见于房	《汉书・天文志》	公元前 134 年	天蝎座*	15^h40^m	−25°	313°	+21°
2	（后汉）建武五年……客星犯帝座	《后汉书・严光传》	29 年	武仙座 α 星附近	17^h20^m	+15°	5°	+24°
3	（后汉）孝安帝永初元年秋八月戊申，有客星在东井、弧星西南	《通志》	107 年 9 月 13 日	大犬座 δ 星附近	7^h	−25°	205°	−8°
4	（后汉）延光四年冬十一月，客星见天市	《通志》《文献通考》《后汉书》	125 年 12 月	蛇夫座	17^h20^m	0°	350°	+18°
5	（晋）孝惠帝永兴元年夏五月，客星守毕	《通志》	304 年 6 月 19 日～7 月 19 日	金牛座	4^h20^m	+20°	144°	−18°
6	（晋）永兴二年秋八月，有星孛于昴毕	《通志》	305 年 9 月	金牛座	4^h	+20°	141°	−22°
7	（晋）升平二年夏五月丁亥，彗星出天船，在胃	《通志》	358 年 6 月 26 日	英仙座	3^h20^m	+50°	114°	−4°
8	（魏）太祖皇始元年夏六月，有星彗于髦头……先是，有大黄星出于昴、毕之分，五十余日……冬十一月，黄星又见，天下莫敌	《魏书》	396 年 8 月	金牛座	4^h	+20°	141°	−22°
9	（魏太延）二年五月壬申，有星孛于房	《魏书》	436 年 6 月 21 日	天蝎座	15^h40^m	−25°	313°	+21°
10	（魏太延）三年正月壬午，有星晡前昼见东北，在井左右，色黄，大如橘	《魏书》《宋书》	437 年 2 月 26 日	双子座	6^h40^m	+20°	162°	+9°
11	（唐贞观）十三年三月乙丑，有星孛于毕、昴	《新唐书》《旧唐书》《文献通考》	639 年 4 月 30 日	金牛座	4^h	+20°	141°	−22°
12	（唐）总章元年四月，彗见五车……星虽孛而光芒小……二十二日星灭	《旧唐书》	668 年 5 月 17 日～6 月 14 日	御夫座	5^h20^m	+40°	136°	+4°

续表

号数	原文	书名	时间	星座	α	δ	l	b
13	（唐）景龙元年十月十八日，彗见西方，凡四十三日而灭	《旧唐书》《新唐书》	707年11月16日出现，12月18日不见	**	—	—	—	—
14	（唐太和）三年十月，客星见于水位	《新唐书》《文献通考》	829年11月	小犬座	7^h20^m	+10°	176°	+13°
15	（唐开成四年）闰月丙午，有彗星于卷舌西北；二月乙卯不见	《新唐书》	839年3月12日出现，至3月21日不见	英仙座	3^h20^m	+40°	120°	−12°
16	（唐）大中六年三月，有彗星于觜、参	《新唐书》	852年4月	猎户座	5^h40^m	+10°	164°	−8°
17	（唐景福元年）十一月，有星孛于斗、牛	《新唐书》	892年12月	人马座和摩羯座之间	19^h40^m	−20°	348°	−22°
18	梁太祖乾化元年五月，客星犯帝座	《文献通考》	911年6月	武仙座α星附近	17^h20^m	+15°	5°	+24°
19	（宋）大中祥符四年正月丁丑，客星见南斗魁前	《宋史》《文献通考》	1011年2月8日	人马座	19^h20^m	−30°	336°	−22°
20	（辽太康五年）十二月丙午，彗星犯尾	《辽史》	1080年1月6日	天蝎座	17^h	−40°	314°	−1°
21	（宋）哲宗元祐六年十一月辛亥，客星出参度中，犯掩厕星	《文献通考》	1091年12月	天兔座	5^h20^m	−10°	180°	−22°
22	（宋）孝宗淳熙八年六月己巳，客星出奎宿，犯传舍……九年正月癸酉……凡一百八十五日乃消伏（金大定二十一年）六月甲戌，客星见于华盖，凡百五十有六日灭	《宋史》《文献通考》《金史》	1181年8月6日出现，1182年2月6日始不见	仙后座	1^h40^m	+70°	95°	+9°
23	（宋）嘉定十七年六月己丑，守犯尾宿	《宋史》	1224年7月17日	天蝎座	17^h	−40°	314°	−1°
24	（宋）嘉熙四年七月庚寅，出尾宿	《宋史》	1240年8月17日	天蝎座	17^h	−40°	314°	−1°
25	（元皇庆二年三月）丁未，彗出东井	《元史》	1313年4月13日	双子座	6^h40^m	+20°	162°	+9°

续表

号数	原文	书名	时间	星座	α	δ	l	b
26	（明）永乐二年十月庚辰，辇道东南有星如盏，黄色，光润而不行	《明史》	1404 年 11 月 14 日	天琴座	19^h	+40°	38°	+14°
27	（明）宣德五年八月庚寅，有星见南河旁，如弹丸大，色青黑，凡二十六日灭	《明史》	1430 年 9 月 9 日	小犬座	7^h40^m	+10°	178°	+18°
28	（明天顺）五年六月壬辰，天市垣宗正旁，有星粉白，至乙未，化为白气而消	《明史》	1461 年 7 月 30 日出现，至 8 月 2 日不见	蛇夫座 β 星附近	17^h40^m	0°	353°	+13°
29	（明万历）十二年六月己酉，有星出房	《明史》	1584 年 7 月 11 日	天蝎座	15^h4^m	−25°	313°	+21°
30	（清康熙）二十九年八月己酉，异星见箕，色黄，凡二夜	《清史稿》	1690 年 10 月 18 日	人马座	18^h	−30°	329°	−6°

* 这是中西史上皆有记载的第一颗新星；** 不明位置。

（本文写作期间得到竺可桢教授和戴文赛教授的很多指导，特此志谢。）

参 考 文 献

[1]（a）K. G. Jansky：*Proc. Inst. Rad. Eng.*，20，1920（1932）.

（b）K. G. Jansky：*Popular Astronomy*，41，548（1933）.

[2] В. Л. Гинзубург：Природа，No. 5（1954）.

[3]（a）И. С. Щкловский：А. Ж.，29，418（1952）.

（b）B. Mills：*Austr. Journ. Sci. Res.*，5，266（1952）.

[4] K. Lundmark：*P. A. S. P.*，33，225（1921）.

[5]（a）И. С. Шкловский：Астр. Циркуляр，No. 143（1953）.

（b）И. С. Шкловский：Доклады АН СССР，94，417（1954）.

[6] R. Hanbury Brown and C. Hazard：*Nature*，107，364（1952）.

〔《天文学报》，1954 年第 2 卷第 2 期〕

我国历史上的新星记录与射电源的关系

1931 年，杨斯基在研究波长 14.7 米的大气无线电障碍时，发现整个银河系都在辐射着无线电波，后来又发现有些地方特别强。现在我们知道，银河系里的无线电辐射是由于星际电离气体和宇宙线中的电子在星际磁场中减速而产生的。通过对这种电波的研究，得到了关于星际物质的许多新知识，同时也给了我们研究银河构造的一个新方法，所得结果与用其他方法所得者也很一致。

在银河系普遍无线电辐射的背景上，那些特别强的辐射又是从何而来？为了回答这个问题，1952 年以前有人认为在这些电波辐射特别强的地方存在着一种特殊的天体——射电星，它虽强烈地辐射无线电波，但发光本领却很小，因此我们用光学方法不能发现它。不过，近来所得到的资料推翻了这一假说。现在已经能把许多强的无线电辐射源（射电源）和已知的天体对应起来了。河外星云（即我们银河系以外的星系）可以是射电源，如普通的仙女座大星云和特殊的室女座 NGC 4486 星云（NGC

4486 表示该星云在“新总星表”中的编号）。普通的河外星云的光谱是恒星的集合光谱，集合光谱上有辉线出现的叫特殊河外星云。河内星云（即银河系内的气体云或气体尘埃云）也可以是射电源。这一类的又可分为两种：一种是普通的气体电离云，如船帆座 γ 星附近的一个这种星云就对应于该处的射电源；另一种是新星或超新星的遗迹，唐文宗开成二年（837 年）出现于双子座 η 星附近新星的遗迹和宋仁宗至和元年（1054 年）出现于金牛座 ζ 星附近的超新星的遗迹均和射电源相对应。

新星在我国的历史书中名称很多，不过常用的是“客星”。《汉书·天文志》里“（汉）元光元年六月，客星见于房”，即公元前 134 年新星出现于天蝎座，这是中外历史上均有记载的第一颗新星。在此以前，我国史书中也还可能有些新星的记载，不过无法与其他国家的记录印证。例如，殷墟甲骨文里有“七日己巳夕㞢，㞢（有）新大星并火”和“辛未酘新星”，《今本竹书纪年》里有“周景王十三年春，有星出婺女”。

事实上，新星并不是“新”生的星，也不是从遥远的地方跑到我们这里来做“客”的星。它是早已存在的暗淡的星，只不过由于内部结构失去了平衡，本身发生爆炸，突然变得辉煌灿烂起来。新星变亮的时候，它的光度在几天内就可增加几千倍或几万倍，达到最大亮度后，又慢慢地变暗，几年以后又差不多恢复到原来的亮度。

和变亮同时开始的是体积不断膨胀，当达到最大光度时，膨胀速率和体积就大到使得引力吸引不住运动着的外壳，于是这外壳就脱离开星的本体而以更大的速率向外膨胀，有的速率竟可高到每秒 3000 千米。膨胀壳离开星体后，星体本身又开始收缩，因而亮度也开始变小。初收缩时，新星也还继续抛射物质，不过愈来愈少，几个月之后基本上就停止了。关于新星所抛射出来的气体膨胀壳的质量，从前有人认为很多，近来苏联天文学家阿姆巴楚米扬和卡莎列夫证明它只是星体总质量的很小一部分。

与新星不同，超新星爆发时所抛射出来的物质可以多到星体总质量的一半。因此，它的爆发规模要大得多，光度变化也大得多：可以在几天内增加几亿倍，亮到非常惹人注意。

根据苏联天文学家什克洛夫斯基的意见，新星或超新星爆发时，在抛射物质的同时，也抛射带电粒子。被抛射出来的带电粒子在微弱的磁场内产生减速辐射，就形成射电源。这个看法是否正确，要用观测来证明。

要证实这一论点，便必须把历史上爆发过的新星或超新星的位置拿来和现今射电源的位置对证。现在全世界的天文学家们公认的超新星有三颗，即 1054 年、1572 年和 1604 年出现的三颗超新星。这三颗超新星在我国的史书中均有记载。

（1）"（宋）至和元年五月己丑，客星出天关东南，可数寸，岁余稍没。"（《宋史》）即 1054 年 7 月 4 日新星出现于金牛座 ζ 星东南附近，一年多以后才不见了。现在在这个超新星爆发的位置上，可以看见一个蟹状星云，它是当时被抛射出来的外壳，以每秒 1000 千米的速率向四方膨胀着。星云的中央有两颗星，其中一个是白矮星，显然是爆发过的超新星的后身。如前所述，这个蟹状星云是个射电源。

（2）"（明）隆庆六年冬十月丙辰，彗星见于东北方，至万历二年四月乃没。"（《明史稿·神宗本纪》）在我国的史书中，彗星常和客星混为一谈，事实上这即有名的第谷新星。第谷由于在无意中发现了这颗新星，才终身从事天文工作，后来这颗新星也就以他的名字命名。但是由这一段文字可以看出，我们还比第谷早发现三天，并且多观测了一个多月（我们是 1572 年 11 月 8 日到 1574 年 5 月，第谷是 1572 年 11 月 11 日到 1574 年 3 月）。由这里可以看出我们的祖先们是多么辛勤地从事天文观测工作的。1952 年在这个超新星的位置上发现了一个是金牛座射电源 1/10 的射电源。

（3）"（明万历）三十二年九月乙丑，尾分有星如弹丸，色赤黄，见西南方，至十月而隐。十二月辛酉，转出东南方，仍尾分。明年二月渐暗，八月丁卯始灭。"（《明史》）英人威廉姆斯（Williams）和法人毕奥

（E. Biot）都错误地把这颗超新星认为是彗星。其实这即著名的开普勒新星。从这段史料可以看出我们是与布诺斯基同一天（1604 年 10 月 10 日）发现的，而且自始至终都有记录。在这个超新星的位置上，现在还没有发现射电源。

此外，1952 年底苏联天文学家什克洛夫斯基和巴连那果在最强的射电源（位于仙后座）处发现了一个以每秒 1500 千米的速率从中心向外膨胀的环状星云，并测得其角半径为二分半。在估计到角半径和膨胀速率以后，再假设它是在银河边缘部分爆发的超新星的遗迹，那么，这爆发最早也不会发生在两千年以前。于是他们就在世界各国的天文记录中寻觅在仙后座爆发的超新星，终于在我国的史书中找到了。《文献通考》和《通志》里都写着“（晋）海西公太和四年春二月，客星见紫宫西垣，至七月乃灭”（即 369 年 3 月超新星出现于仙后座，至 8 月不见）。知道了爆发时间，再来定这颗超新星和我们的距离，得出为一万光年左右。

现在发现的射电源已经有 200 多个，这数目还在增加；而我国历史上的客星记录又能对射电源的研究给以很大帮助。因此，1953 年 11 月间苏联科学院天文史委员会主席库里考夫斯基即致函中国科学院，希望我们能替他们调查在 185 年、369 年、827 年和 1006 年新星爆发的资料，来信中说：“把中国古代史籍中有关新星方面的材料和其他国家的少数史料综合起来，将是非常重要的。”除 827 年的新星我们没有找到记录外，其余三个在我国史书中均有记载，兹分述如下。

（1）“（后汉）中平二年十月癸亥，客星出南门中，大如半筵，五色喜怒稍小，至后年六月消。”（《后汉书》和《文献通考》）即 185 年 12 月 7 日新星出现于半人马座，至 186 年 7 月不见。这颗星只是我们中国有记载。

（2）369 年新星（见前）。

（3）“（宋景德）三年三月乙巳，客星出东南方。”（《宋史》和《文献通考》）即 1006 年 4 月 3 日有新星出现于东南方（外国也有这颗星的记载）。

这几颗新星大概都是超新星，而且都是射电源。

在这次调查的过程中，除以上所得结果外，我们还找到有 41 项可能是关于新星或超新星的记载，并且其中有 11 个可能对应于射电源。例如：

（1）“（汉）高帝三年七月，有星孛于大角，旬余乃入。”（《汉书》和《文献通考》）这比中外史上均有记载的公元前 134 年出现于天蝎座的新星要早 70 年，并且在什克洛夫斯基的《射电天文学》一书中射电源的分布图上，大角（即牧夫座 α 星）附近有射电源存在［这段文字虽写的是“星孛”（彗星），但不言移动，因此很可能是新星］。

（2）“（后汉永元）十三年十一月乙丑，轩辕第四星间有小客星，色青黄。”（《后汉书》）毕奥和伦德马克等制新星星表时虽均将此段记载列为新星，但其估计的位置相差很远，应该是 101 年 12 月 30 日新星出现于天猫座 40 星附近。这颗新星可能也是射电源。

（3）“（魏）太祖皇始元年夏六月，有星彗于髦头……先是，有大黄星出于昴、毕之分，五十余日……冬十一月，黄星又见，天下莫敌。”（《魏书》）这显然是颗新星，因为：①彗星不能不动地在一处停留几个月；②新星的光度曲线往往是在极大之后，当其变暗到一定程度时，又再发亮一次（二次极大），然后才再暗下去。并且按其亮度来说，很可能是颗超新星（这颗新星在其他国家的历史上无记载）。

（4）“（魏太延）三年正月壬午，有星晡前昼见东北，在井左右，色黄，大如橘。”（《魏书》）什克洛夫斯基最近来信认为这可能是 437 年 2 月 26 日超新星出现于双子座；并且认为对这颗超新星有详细考证的必要，因为不久以前在双子座里发现了一个大的射电源。但是，关于这颗星，除我们有这段记载外，其他国家一无所知。

（5）“（宋）孝宗淳熙八年六月己巳，客星出奎宿，犯传舍……九年正月癸酉……凡一百八十五日乃消伏。”（《宋史》和《文献通考》）“（金大定二十一年）六月甲戌，客星见于华盖，凡百五十有六日灭。”（《金史》）这两处文字所记载的是一回事，即 1181 年 8 月新星出现于仙后座。

什克洛夫斯基认为对这颗新星也应加以详细研究，它在西方也无记载。

从新星的例子可以看出我们伟大祖国文化典籍之丰富。我们如果将它加以科学整理，取其精华，去其糟粕，那么，在这个基础上一定能够创造出更多和更新的东西来。

〔《科学通报》，1995 年 1 月号〕

古新星新表*

绪言

新星的研究在天体演化学和射电天文学上都有着重大意义。新星和超新星的爆发是否形成射电源？超新星或慢新星是否和行星状星云有演化上的联系？新星是否能多次爆发？新星或超新星的爆发是否表示普通星向白矮星过渡？银河系内超新星的爆发频率如何？这一系列问题的解决都需要大量的新星和超新星的观测资料，不仅需要现在的，而且需要过去的。关于古代的新星观测资料，伦德马克曾经搜集起来编成一个表[①]。现在全世界的天文学家们应用的古代新星资料，几乎全取自这个表中。但是正如伏隆佐夫-维里亚米诺夫所批评的："伦德马克的表有许

* 本文以席泽宗院士自选集《古新星新表与科学史探索》中收录的本文修订稿为准。——编辑注

① Kunt Lundmark，Suspected New Stars Recorded in Old Chronicles and among Recent Meridian Observations. PASP，33，225-238（1921）.

多可以怀疑的漏洞，用这些材料来充实我们感到贫乏的观测资料，至少是冒险的。”[①]伦德马克的表中包括了 19 世纪及以前观测到的 60 颗新星，他的材料主要来自马端临《文献通考》的客星栏。但中国古代客星常常和彗星相混，而且《文献通考》中所搜集的材料也不够完全，因而伦德马克的表在正确性和完整性方面都是有缺点的。最近我们查了二十四史（主要是其中的天文志）、各代会要、《文献通考》和《通志》，并参考了一些杂史和日本的天文史料，详细地复核了伦德马克的表，发现以下几条都是彗星。

公元 64 年 5 月 3 日在室女座 η 星附近的新星。《文献通考》内载："（汉孝明帝永平）七年三月庚戌，客星光气二尺所，在太微左执法南端门外，凡见七十五日。"既言光气二尺，可见是有尾巴的，是彗星（永平七年三月庚戌相当于公元 64 年 4 月 28 日）。

公元 66 年 1 月 31 日的新星。伦德马克的根据是《文献通考》里的一句话："（汉孝明帝永平）八年十二月戊子，客星出东方。"但是在《东汉会要》里有一段彗星纪事，"（永平）九年正月戊申，客星出牵牛，长八尺，历建星至房南灭……"；《古今注》说，该彗星"历斗、建、箕、房，过角、亢至翼，芒东指"。正月戊申相当于公历 2 月 20 日，距 1 月 31 日相差只 20 天，在这个时期，如以夜晚 9 时来说，斗、建、箕、房、角、亢、翼这些星宿都在东方，可见 1 月 31 日东方所见客星就是这颗彗星。又按计算，哈雷彗过近日点的日期是该年 1 月 26 日，可见这次观测到的彗星即哈雷彗。朱文鑫在《天文考古录》里把永平八年（公元 65 年）六月观测到的彗星认为是这次哈雷彗的出现，显然是错误的。因为该彗星出现于六月壬午，凡见五十六日。永平八年六月壬午，相当于公元 65 年 7 月 29 日，56 日之后是 9 月 23 日。就以 9 月 23 日来说，和 1 月 26 日也还相差四个多月。

公元 684 年 9 月 12 日新星。《日本书纪》和《一代要记》内均载："天武十二年七月壬申，彗星出于西北，长丈余。"日本天武十二年七月壬申相当于公元 684 年 9 月 7 日，而该年 11 月 26 日为哈雷彗过近日点之日期。

---

① Воронцов-Велbяминов，Газовые туманности и новае звёзды. стр. 184.

哈雷彗在近日点前后两三个月被观测到是常有的事，可见伦德马克表中的这颗新星（状如半月）和日本史书中所载的是一回事，即哈雷彗。

公元 837 年 4～6 月的三颗新星。《文献通考》客星栏内载："（唐文宗开成二年三月）甲申，客星出于东井下。戊子，客星别出于端门内，近屏星。四月丙午，东井下客星没。五月癸酉，端门内客星没。壬午，客星如孛，在南斗天籥旁。"威廉姆斯、毕奥和伦德马克把这认为是三颗新星：①837 年 4 月 29 日到 5 月 21 日双子座新星；②837 年 5 月 3 日到 6 月 17 日室女座 υ 星附近新星；③837 年 6 月 26 日人马座 δ、λ 星旁新星。

最近什克洛夫斯基和沙因认为双子座新星爆发在双子座 μ、η 星之间，现在观测到的 IC 443 星云是它的残迹，而且可能和射电源（$\alpha=6^h14^m$，$\delta=+22°38'$）对应起来。①

但是《新唐书·天文志》里在这段客星叙事的前面还有一段彗星纪事："（唐文宗）开成二年二月丙午，有彗星于危，长七尺余，西指南斗；戊申在危西南，芒耀愈盛；癸丑在虚；辛酉，长丈余，西行稍南指；壬戌，在婺女，长二丈余，广三尺；癸亥，愈长且阔；三月甲子，在南斗；乙丑，长五丈，其末两岐，一指氐，一掩房；丙寅，长六丈，无岐，北指，在亢七度；丁卯，西北行，东指；己巳，长八丈余，在张；癸未，长三尺，在轩辕右不见。凡彗星晨出则西指，夕出则东指，乃常也。未有遍指四方，凌犯如此之甚者。甲申，客星出于东井下……八月丁酉，有彗星于虚、危……"②从这段文字总的来看，可以认为这三颗客星及其前后的彗星均是同一彗星，其运行的轨道见图 1。这个大彗星即哈雷彗。哈雷彗过近日点的日期按计算应该是该年 3 月 1 日。

公元 962 年 1 月 28 日新星。《宋史》："（宋）建隆二年十二月己酉，出天市垣宗人星东，微有芒彗，三年正月辛未，西南行入氐宿，二月癸丑，至七星没。"显然这是彗星。

---

① Г. А. Шайн и В. Ф. Газе，ДАН，96，4，713-715（1954）；И. С. Шкдовский，ДАН，97，1，53-55（1954）；В. Ф. Газе и Г. А. Шайн，А. Ж. 31，5，409-412（1954）.

② 《旧唐书·天文志》、《旧唐书·文宗本纪》、《新唐书·文宗本纪》、《唐会要》、《续日本后记》、《一代要记》、《日本纪略》和《诸道勘文》中均有这颗彗星的记载。

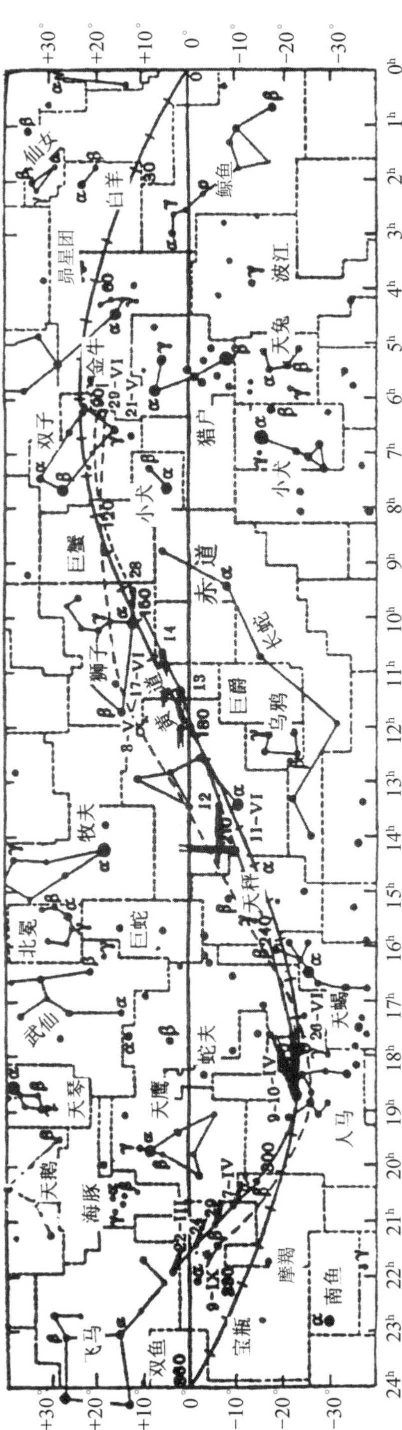

图1　837年哈雷彗星出现轨道图

我们将伦德马克表中的错误去掉，并将我们新收集的材料加进去，制成现在这份古新星表，至 1700 年止，共有 90 颗新星。表中有 11 颗（17、27、30、45、57、60、67、68、70、82 和 85 号）可能是超新星。单以最近 1000 年而论，就有 7 颗超新星爆发：1006 年豺狼座、1054 年金牛座、1181 年仙后座、1203 年天蝎座、1230 年武仙座、1572 年仙后座和 1604 年蛇夫座。根据这些材料，银河系内超新星的爆发频率将大于以往的估计，即平均每 150 年有一颗超新星出现。

此外，在制表的过程中，我们对新星的再发规律亦有些材料。伏隆佐夫-维里亚米诺夫在《气体星云和新星》一书中将巴连那果和库卡金的亮度变幅关系改进为

$$\log P = -2.716 + 0.512A$$

若取 $A=11^{\mathrm{m}}$（新星的平均变幅），则得 $P=824$ 年。

在我们的表中，12 号和 55 号两次“客星犯帝座”相距 882 年，5 号和 33 号两次“星孛于大角”相距 779 年，正好和计算所得的周期约合。因此，这两颗新星很可能是新星再发的例子。

这表我们只编到 1700 年，因为在此以后，西方天文学已很发达，关于新星的材料也很完备，无须再叙。

将表中较有确切位置的 61 颗新星、11 颗超新星和 2 颗再发新星作视分布研究，得图 2。新星在银纬方面的分布如表 1 所示。

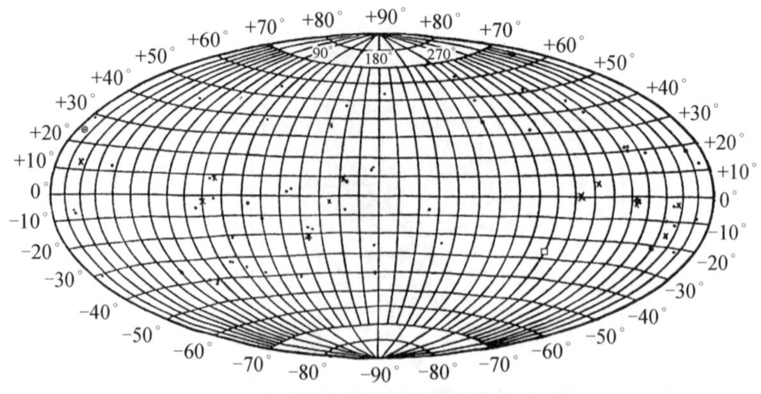

图 2　古新星的视分布图（·新星，×超新星，⊙再发新星，□南赤极）

表 1

北银纬	新星数	南银纬	新星数	总计
0°～+10°	4	0°～−10°	13	17
+10°～+20°	7	−10°～−20°	4	11
+20°～+30°	3	−20°～−30°	8	11
+30°～+40°	4	−30°～−40°	7	11
+40°～+50°	4	−40°～−50°	3	7
+50°～+60°	3	−50°～−60°	0	3
+60°～+70°	1	−60°～−70°	0	1
+70°～+90°	0	−70°～−90°	0	0
总计	26	总计	35	61

由表 1 可以看出：新星有向银面集中的趋势，在±20°范围以内，占了小半数，而在±70°～±90°的范围以内，一颗也没有。这就和近代新星资料统计的结果颇相符合。从表 1 中还可以看出：银面以南的新星比以北的多，这是因为太阳处在银面以北。

就银经分布来说，表 2 里的前六组是在以银河系中心的方向为中心的半个天球上，后六组是在另外半个天球上。这样从统计上可以看出新星在反银心的半个天球上要多一些。不过，得注意到：南赤纬大的银河部分（l 从 240°到 300°）在我们中国黄河流域（取 ϕ≒35°）看不见。估计到这一点之后，可以断定：新星视分布的银心聚度小。银心聚度小，银面聚度大，这说明新星形成扁平子系。

表 2

银经	新星数	银经	新星数
60°～90°	4	270°～300°	1
90°～120°	11	300°～330°	11
120°～150°	7	330°～360°	6
150°～180°	7	0°～30°	4
180°～210°	2	30°～60°	3
210°～240°	2	总计	61
240°～270°	3		

表 2 中可能有彗星，同时这表也不能算是很完整。这些都待以后补充和修正。我们将这份较为完整的古新星表付印，只是为了供射电天文学和天体演化学领域的工作者参考（表 3）。

表 3　古新星新表

号数	原文	书名	时间	星座	α	δ	l	b	附注
1	七日己巳夕豈，㞢（有）新大星并火	殷墟甲骨文	约公元前 14 世纪	—	—	—	—	—	—
2	辛未酘新星	殷墟甲骨文	约公元前 14 世纪	—	—	—	—	—	—
3	（周）景王十三年春，有星出婺女	《竹书纪年》	公元前 532 年	宝瓶座	20^h40^m	−10°	5°	−31°	《左传》和《史记》内均有记载
4	（秦始皇）三十三年……明星出西方	《史记·秦始皇本纪》	—	—	—	—	—	—	—
5	（汉）高帝三年七月，有星孛于大角，旬余乃入	《汉书》《文献通考》	公元前 204 年	牧夫座 α 星附近	14^h20^m	+20°	346°	+66°	可能是再发新星
6	（汉）元光元年六月，客星见于房	《汉书》	公元前 134 年	天蝎座	15^h40^m	−25°	313°	+20°	这是中西史上皆有记载的第一颗新星
7	（汉）元凤四年九月，客星在紫宫中斗枢极间	《汉书》	公元前 77 年	大熊座	11^h36^m	+60°	103°	+55°	Williams 和 Biot 有考证，在 NGC3587 附近
8	（汉）元凤五年四月，烛星见奎、娄间	《汉书》《文献通考》	公元前 76 年	双鱼座	1^h20^m	+25°	101°	−36°	Williams、Biot、Lundmark 有考证
9	（汉）宣帝地节元年正月，有星孛于西方，去太白二丈所	《汉书》	公元前 69 年	—	—	—	—	—	—
10	（汉）元帝初元元年四月，客星大如瓜，色青白，在南斗第二星东可四尺	《汉书》	公元前 48 年	人马座 μ 星之东	18^h	−25°	335°	−4°	Williams、Biot、Lundmark 有考证，在 NGC6578 附近

续表

号数	原文	书名	时间	星座	α	δ	l	b	附注
11	（汉）哀帝建平二年二月，彗星出牵牛七十余日	《汉书》	公元前 5 年	天鹰座 α 星附近	19^h40^m	+10°	16°	−8°	可能是射电源
12	（后汉）建武五年……客星犯帝座	《后汉书·严光传》	29 年	武仙座 α 星附近	17^h20^m	+15°	5°	+24°	可能是再发新星
13	（后汉永平）十三年十一月，客星出轩辕四十八日	《后汉书》《古今注》	70 年	狮子座	10^h	+20°	184°	+54°	Biot 和 Lundmark 有考证
14	（后汉永元）十三年十一月乙丑，轩辕第四星间有小客星，色青黄	《东汉会要》《后汉书》《文献通考》	101 年 12 月 30 日	天猫座 40 星附近	9^h20^m	+35°	158°	+47°	Williams 和 Lundmark 有考证，但他们所确定的位置不对
15	（后汉）孝安帝永初元年秋八月戊申，有客星在东井、弧星西南	《通志》《东汉会要》	107 年 9 月 13 日	大犬座 δ 星附近	7^h	−25°	205°	−8°	Biot 和 Lundmark 有考证，在 NGC2452 附近
16	（后汉）延光四年冬十一月，客星见天市	《通志》《文献通考》《后汉书》	125 年 12 月	蛇夫座	17^h20^m	0°	350°	+18°	—
17	（后汉）中平二年十月癸亥，客星出南门中，大如半筵，五色喜怒稍小，至后年六月消	《后汉书》《文献通考》	185 年 12 月 7 日至 186 年 7 月	半人马座 α、β 间	14^h20^m	−60°	282°	0°	Шкловский 认为是超新星，并且是射电源。近伏尔夫–拉叶星 −61°4431
18	魏文帝黄初三年九月甲辰，客星见太微左掖门内	《晋书》	222 年 11 月 4 日	室女座 η、β 星间	12^h	+1°	248°	+61°	Williams、Biot、Lundmark 均有考证
19	（晋）武帝太熙元年夏四月，客星在紫宫	《通志》《文献通考》	290 年 5 月	恒显圈	—	—	—	—	Williams 认为可能在仙后座

续表

号数	原文	书名	时间	星座	α	δ	l	b	附注
20	（晋）永康元年三月，妖星见南方	《晋书》	300 年 4 月	—	—	—	—	—	Williams 认为是流星，但 Lundmark 不以为然
21	（晋）永兴元年五月，客星守毕	《晋书》《通志》《文献通考》	304 年 6～7 月	金牛座	4^h20^m	+20°	144°	−18°	Williams、Biot、Lundmark 均有考证
22	（晋）永兴二年秋八月，有星孛于昴毕	《通志》	305 年 9 月	金牛座	4^h	+20°	141°	−22°	—
23	（晋）升平二年夏五月丁亥，彗星出天船，在胃	《通志》	358 年 6 月 26 日	英仙座	3^h20^m	+50°	114°	−4°	—
24	（晋）海西公太和四年二月，客星见紫宫西垣，至七月乃灭	《通志》《文献通考》	369 年 3～8 月	大熊座、天龙座和鹿豹座之间	9^h	+70°	111°	+38°	a
25	（晋）孝武太元十一年三月，客星在南斗，至六月乃没	《通志》	386 年 4 月	人马座	18^h40^m	−25°	338°	−11°	在 NGC6644 附近，Lundmark 有考证
26	（晋太元）十八年春二月，客星在尾中，至九月乃灭	《晋书》《通志》《文献通考》	393 年 3～10 月	天蝎座	17^h	−40°	314°	−1°	Williams 和 Biot 有考证，但所得位置不同，我们所得者和 Biot 的近于一致，在 NGC II 4637 及伏尔夫-拉叶星−40° 10919 附近
27	（魏）太祖皇始元年夏六月，有星彗于髦头……先是，有大黄星出于昴、毕之分，五十余日……冬十一月，黄星又见，天下莫敌	《魏书》	396 年 8 月	金牛座	4^h	+20°	141°	−22°	可能是超新星

续表

号数	原文	书名	时间	星座	α	δ	l	b	附注
28	（魏泰常五年）十二月……客星见于翼	《魏书》	421 年	巨爵座和长蛇座之间	11^h20^m	−20°	244°	+38°	—
29	（魏太延）二年五月壬申，有星孛于房	《魏书》	436 年 6 月 21 日	天蝎座	15^h40^m	−25°	313°	+21°	—
30	（魏太延）三年（宋元嘉十四年）正月壬午，有星晡前昼见东北，在井左右，色黄，大如橘	《魏书》《宋书》	437 年 2 月 26 日	双子座	6^h40^m	+20°	162°	+9°	张钰哲先生认为可能是彗星，Шкловский认为可能是超新星
31	（魏元象）四年正月，客星出于紫宫	《魏书》	538 年 2 月 15 日至 3 月 15 日	恒显圈	—	—	—	—	—
32	（周）武帝保定元年九月乙巳，客星见于翼	《隋书》《通志》	561 年 9 月 26 日	巨爵座 α 星附近	11^h	−20°	240°	+37°	Wiliams、Biot 和 Lundmark 均有考证，NGC3242 在其附近
33	（陈）废帝光大二年六月壬子，客星见氐东	《文献通考》	568 年 7 月 28 日	天秤座	14^h40^m	−15°	308°	+38°	Biot 和 Lundmark 认为是 568 年 6 月
34	（陈）宣帝太建七年四月丙戌，有星孛于大角	《隋书》《通志》	575 年 4 月 27 日	牧夫座 α 星附近	14^h20^m	+20°	346°	+66°	可能是公元前 204 年新星的再发
35	（隋开皇八年）十月甲子，有星孛于牵牛	《通志》《文献通考》	588 年 11 月 22 日	天鹰座 α 星附近	19^h40^m	+10°	16°	−8°	—
36	（唐贞观十三年）三月乙丑，有星孛于毕、昴	《新唐书》《旧唐书》《文献通考》	639 年 4 月 30 日	金牛座	4^h	+20°	141°	−22°	—

续表

号数	原文	书名	时间	星座	α	δ	l	b	附注
37	（唐）乾封二年四月丙辰，有彗星于东北，在五车、毕、昴间，乙亥不见	《文献通考》	667 年 5 月 24 日出现，至 6 月 12 日不见	金牛座	5^h	+25°	145°	−8°	—
38	（唐）总章元年四月，彗见五车……星虽孛而光芒小……二十二日星灭	《旧唐书》《唐会要》	668 年 5 月 17 日至 6 月 14 日	御夫座	5^h20^m	+40°	136°	+4°	—
39	（唐）永淳二年三月丙午，有彗星于五车北，凡二十五日，至四月辛未不见	《唐会要》《旧唐书》《新唐书》《文献通考》	683 年 4 月 20 日至 5 月 15 日	御夫座	5^h	+40°	134°	+1°	—
40	（唐）景龙元年十月十八日，彗见西方，凡四十三日而灭	《唐会要》《旧唐书》《新唐书》	707 年 11 月 16 日至 12 月 28 日	—	—	—	—	—	—
41	日本养老六年七月三日壬申，有客星见阁道边，凡五日	《日本天文史料》	722 年 8 月 19 日	仙后座 δ、ε 星附近	1^h40^m	+60°	97°	−1°	—
42	日本神龟二年正月二十四日己卯，有星孛于华盖	《日本天文史料》	725 年 2 月 11 日	仙后座 ψ、ω 附近	1^h20^m	+70°	93°	+8°	—
43	日本天平十六年十二月二日庚寅，有星孛于将军	《日本天文史料》	745 年 1 月 8 日	仙女座 γ、υ、τ 间	1^h40^m	+40°	102°	−21°	—
44	日本弘仁十四年正月辛酉，有星孛于西南，三日而不见	《日本天文史料》	823 年 2 月 19 日	—	—	—	—	—	—
45	（阿拉伯天文学家观测）	Gesch. d'Astr.	827 年	天蝎座	17^h±	−30°±	335°±	−16°±	Lundmark 新星星表中有，可能是超新星

续表

号数	原文	书名	时间	星座	α	δ	l	b	附注
46	（唐太和）三年十月，客星见于水位	《新唐书》《文献通考》	829 年 11 月	小犬座	7^h20^m	+10°	176°	+13°	Williams、Biot 和 Lundmark 均有考证
47	（唐开成四年）闰月丙午，有彗星于卷舌西北；二月乙卯不见	《新唐书》	839 年 3 月 12 日至 3 月 21 日	英仙座	3^h20^m	+40°	120°	−12°	—
48	（唐开成）五年二月庚申，有彗星于营室、东壁间，二十日灭	《新唐书》《文献通考》	840 年 3 月 20 日	飞马座	23^h40^m	+20°	72°	−40°	—
49	（唐）大中六年三月，有彗星于觜、参	《新唐书》	852 年 4 月	猎户座	5^h40^m	+10°	164°	−8°	—
50	日本元庆元年正月廿五日戌时，客星在壁，见西方	《日本天文史料》	877 年 2 月 11 日	仙女座 α 和飞马座 γ 间	0^h	+20°	78°	−41°	—
51	日本宽平三年三月二十九日乙卯，客星在东咸星东方，相去一寸许	《日本天文史料》	891 年 5 月 11 日	蛇夫座 ϕ、χ、ψ、ω 之东	16^h20^m	−20°	324°	+18°	—
52	（唐景福元年）十一月，有星孛于斗、牛	《新唐书》	892 年 12 月	人马座和摩羯座之间	19^h40^m	−20°	348°	−22°	—
53	（唐）光化三年正月，客星出于中垣宦者旁，大如桃，光炎射宦者，宦者不见	《新唐书》《文献通考》	900 年 2 月	武仙座	17^h	+15°	2°	+29°	Boit 和 Lundmark 有考证
54	（唐）天复二年正月，客星如桃，在紫宫华盖下……丁卯，有流星起文昌，抵客星，客星不动。己巳，客星在杠，守之，至明年犹不去	《文献通考》	902 年	仙后座 ω、ψ 星附近	1^h30^m	+65°	97°	−6°	—

续表

号数	原文	书名	时间	星座	α	δ	l	b	附注
55	梁太祖乾化元年五月，客星犯帝座	《文献通考》	911 年 6 月	武仙座 α 星附近	17^h20^m	+15°	5°	+24°	Boit 和 Lundmark 有考证，可能是 29 年新星之再发
56	日本延长八年五月以后，七月以前，客星入羽林中	《日本天文史料》	930 年	—	—	—	—	—	—
57	（宋）景德三年，有巨星见于天氐之西，光芒如金圆，无有识者	《玉壶清话》	1006 年	豺狼座 κ 星附近	15^h	−50°	292°	+6°	可能是超新星，并且是射电源[b]
58	（宋）大中祥符四年正月丁丑，客星见南斗魁前	《宋史》《文献通考》	1011 年 2 月 8 日	人马座	19^h20^m	−30°	336°	−22°	—
59	（宋明道元年）六月乙巳，客星出东北方，近浊，如木星太微，有芒彗，至丁巳，凡十三日而没	《文献通考》	1032 年 7 月 15 日至 7 月 27 日	—	—	—	—	—	—
60	（宋）至和元年五月己丑，客星出天关东南，可数寸，岁余稍没	《宋史》	1054 年 7 月 4 日	金牛座 ξ 星附近	5^h30^m	+20°	155°	−3°	金牛座蟹状星云 NGC1952（=MI）即其残迹，是颗超新星，也是射电源[c]
61	（辽咸雍元年）八月丙申，客星犯天庙	《辽史·道宗本纪》	1065 年 9 月 11 日	长蛇座与唧筒座之间	10^h20^m	−30°	265°	+32°	—
62	（宋熙宁）三年十一月丁未，客星出天囷	《文献通考》《宋史》	1070 年 12 月 25 日	鲸鱼座	2^h40^m	+10°	132°	−42°	Biot 和 Lundmark 有考证

续表

号数	原文	书名	时间	星座	α	δ	l	b	附注
63	（辽）太康五年十二月丙午，彗星犯尾	《续文献通考》《辽史》	1080 年 1 月 6 日	天蝎座	17^h	−40°	314°	−1°	—
64	（宋）高宗绍兴八年五月，客星守娄	《文献通考》	1138 年 6 月	近白羊座 β 星	1^h50^m	+22°	112°	−39°	—
65	（宋绍兴）九年二月壬申，客星守亢	《宋史》《文献通考》	1139 年 3 月 23 日	室女座	14^h20^m	−10°	306°	+45°	Biot 和 Lundmark 有考证
66	（宋）淳熙二年七月辛丑，有星孛于西北方，当紫微垣外七公之上，小如荧惑，森然蓬孛，至丙午始消	《宋史》《宋史新编》	1175 年 8 月 10 日至 8 月 15 日	牧夫座、武仙座和天龙座之间	16^h	+60°	58°	+44°	—
67	（宋）淳熙八年六月己巳，出奎宿，犯传舍星，至明年正月癸酉，凡一百八十五日始灭	《宋史》《文献通考》	1181 年 8 月 6 日至 1182 年 2 月 6 日	仙后座	1^h40^m	+70°	95°	9°	d
68	（宋）宁宗嘉泰三年六月乙卯，东南方泛出一星在尾宿，青白色，无芒彗，系是客星，如土星大	《文献通考》	1203 年 7 月 28 日至 8 月 6 日	天蝎座	17^h	−40°	314°	−1°	NGC4673 及伏尔夫–拉叶星–40° 10919 在其附近 Шкдовский 认为是颗超新星
	（宋）嘉泰三年六月乙卯，出东南尾宿间，色青白，大如填星。甲子，守尾	《宋史》							
69	（宋）嘉定十七年六月己丑，守犯尾宿	《宋史》	1224 年 7 月 17 日	天蝎座	17^h	−40°	314°	−1°	—

续表

号数	原文	书名	时间	星座	α	δ	l	b	附注
70	（宋）绍定三年十一月丁酉，有星孛于天市垣屠肆星之下，明年二月壬午乃消	《宋史》《宋史新编》	1230 年 12 月 15 日至 1231 年 3 月 20 日	武仙座109星之南	18^h20^m	+20°	16°	+13°	Biot 和 Lundmark 有考证，《日本天文史料》中亦有很多记载[e]，可能是超新星，但日本记在天鹅座
71	（宋绍定）五年闰九月，彗星见东方，十月己未始消	《宋史》《宋史新编》《金史》《续文献通考》	1232 年 10 月 18 日至 11 月 26 日	室女座 α 和 ξ 星之间	13^h20^m	−10°	286°	+51°	—
72	（宋）嘉熙四年五月辛未，彗星见于室，至三月辛未始消	《宋史》	1240年6月5日至1241 年 4 月 25 日	飞马座	23^h	+20°	60°	−36°	—
73	（宋）嘉熙四年七月庚寅，出尾宿	《宋史》《续文献通考》	1240 年 8 月 17 日	天蝎座	17^h	−40°	314°	−1°	—
74	（元大德元年）八月丁巳，祆星出奎。九月辛酉朔，祆星复犯奎	《元史》《续文献通考》	1297 年 9 月 9 日至 9 月 18 日	仙女座与双鱼座之间	1^h	+30°	95°	−32°	—
75	（元大德二年十二月）甲戌，彗出子孙星下	《元史》《续文献通考》	1299 年 1 月 24 日	天鸽座	6^h	−40°	214°	−25°	—
76	（元皇庆二年三月）丁未，彗出东井	《元史》	1313 年 4 月 13 日	双子座	6^h40^m	+20°	162°	+9°	—
77	（明洪武）二十一年二月丙寅，有星出东壁	《明史》	1388 年 3 月 29 日	飞马座 γ 星和仙女座 α 星之间	0^h	+20°	78°	−41°	Lundmark 表中的位置不对

续表

号数	原文	书名	时间	星座	α	δ	l	b	附注
78	（明）永乐二年十月庚辰，辇道东南有星如盏，黄色，光润而不行	《明史》	1404年11月14日	天琴座	19^h	+40°	38°	+14°	—
79	（明）宣德五年八月庚寅，有星见南河旁，如弹丸大，色青黑，凡二十六日灭	《明史》《续文献通考》	1430年9月9日	小犬座α、β星附近	7^h20^m	+7°	176°	+13°	Williams和Lundmark有考证
80	（明宣德五年）十二月丁亥，有星如弹丸，见九斿旁，黄白光润，旬有五日而隐。六年三月壬午，又见	《明史》《续文献通考》	1431年1月4日至4月3日	波江座μ、ω、ψ附近	5^h	−10°	177°	−27°	Williams和Lundmark有考证
81	（明天顺）五年六月壬辰，天市垣宗正旁，有星粉白，至乙未，化为白气而消	《明史》《续文献通考》	1461年7月30日至8月2日	蛇夫座β星附近	17^h40^m	0°	353°	+13°	Lundmark有考证
82	（明）隆庆六年冬十月丙辰，彗星见于东北方，至万历二年四月乃没	《明史稿·神宗本纪》	1572年11月8日至1574年5月	仙后座γ星附近	0^h40^m	+60°	90°	−2°	此即第谷新星。它是一颗超新星，又是射电源[f]
83	（明）万历六年正月戊辰，有大星如日，出自西方，众星皆西环	《明史》《明史稿》《续文献通考》	1578年2月22日	—	—	—	—	—	Williams、Biot和Lundmark都有考证，但可能性不大
84	（明万历）十二年六月己酉，有星出房	《明史》《续文献通考》	1584年7月11日[g]	天蝎座	15^h40^m	−25°	313°	+21°	Williams、Biot和Lundmark有考证

续表

号数	原文	书名	时间	星座	α	δ	l	b	附注
85	（明万历）三十二年九月乙丑，尾分有星如弹丸，色赤黄，见西南方，至十月而隐。十二月辛酉，转出东南方，仍尾分。明年二月渐暗，八月丁卯始灭	《明史》《续文献通考》	1604 年 10 月 10 日到 1605 年 10 月 7 日	蛇夫座	—	—	337°	−4°	此即开普勒超新星，Williams 和 Biot 均弄错了
86	（明万历）三十七年，有大星见西南，芒刺四射	《明史》《续文献通考》	1609 年	—	—	—	—	—	Williams、Biot 和 Lundmark 有考证，但可能性不大
87	（明）天启元年四月癸酉，赤星见于东方	《明史》《续文献通考》	1621 年 5 月 22 日	—	—	—	—	—	Williams 和 Lundmark 皆列入新星表中
88	（清康熙）十五年正月戊子，异星见于天苑东北，色白	《清史稿》	1676 年 2 月 18 日	波江座	4^h	−10°	169°	−40°	—
89	（清康熙）二十七年十月己酉，异星见奎，色白，凡三夜	《清史稿》	1688 年 11 月 2 日	仙女座	1^h	+30°	95°	−32°	—
90	清康熙二十九年八月己酉，异星见箕，色黄，凡二夜	《清史稿》	1690 年 10 月 18 日	人马座	18^h	−30°	331°	−10°	—

a Шкловский 和 Паренао 曾认为：这颗新星爆发在仙后座里，并且可以和射电源（$\alpha=23^h21^m$，$\delta=58°$）对应起来。但在这次编表过程中，发现紫宫西垣并不经过仙后座。紫宫西垣的主要七颗星是天龙座 α、κ、λ、δ 和鹿豹座 43、9、IH^1 星。这样一来，最强的射电源——仙后座射电源 A——就不能认为是超新星爆发的结果。

b 关于这颗超新星记载的资料尚有：

① 《文献通考》：“（宋）真宗景德三年四月戊寅，周伯星见，出氐南骑官西一度，状半月，有芒角，煌煌然可以鉴物……八月，随天轮入浊，十一月，复见在氐。自是常以十一月晨见东南方，八月西南入浊。”根据这段记载，这颗新星可见时间很长（四月戊寅相当于 5 月 6 日）。

② 《宋史·新编真宗本纪》：“（景德三年）五月壬寅（5 月 30 日），日当食不亏。周伯星见……十一月壬寅（11 月 26 日），周伯星再见。”

③ 《宋史·天文志》：“（宋景德）三年三月乙巳，客星出东南方。”景德三年三月乙巳相当于 1006 年 4 月 3 日。

④ 日本《明月记》：“宽弘三年四月二日癸酉（5 月 1 日）夜以降，骑官中有大客星，如荧惑，光明动摇，连夜正见南方。或云骑阵将军星变本体增光钦。”可见

这颗新星当时亮如火星，在 κLup 星附近。

⑤ Schönfeld 在 A. N. 127，153 上说，1006 年初 Hepidanus 及 Barhebreäus 曾在天蝎座观测到新星。可能与此为同一新星。

c 关于这个超新星，尚有以下参考资料：

① 日本《明月记》：“天喜二年四月中旬以后，丑时客星出觜参度，见东方，孛天关星，大如岁星。”可见当时的亮度犹如木星。

② 《宋史・仁宗本纪》：“（嘉祐元年三月）辛未，司天监言：自至和元年五月，客星出东方守天关，至是没。”嘉祐元年三月辛未相当于 1056 年 4 月 6 日，可见这颗星在一年零十个月中都可看见。

③ Duyvendak，Oort，Mayall：Supernova in Taurus，PASP，54，91，95（1942）.

d 关于这个新星尚有以下文献可以参考：

① 《金史》：“（金大定二十一年）六月甲戌，客星见于华盖，凡百五十有六日灭。”

② 日本《吾妻镜》：“治承五年六月二十五日庚午，戌刻客星见艮方，大如镇星，色青赤，有芒角，是宽弘三年出现之后无例，云云。”艮方即东北方。按照这段文字记载，这颗星当时曾发亮到和土星一样，是 1006 年以来未曾有的现象。可以肯定，这颗星是超新星。

③ 日本《玉叶》：“养和元年六月二十八日癸酉，传闻自六月廿五日起，客星出内天王良旁。”

④ 日本《明月记》：“治承五年六月二十五日庚午，戌时客星见北方，近王良星，守传舍星。”

⑤ 日本《百炼抄》：“治承五年六月二十五日，客星见北极。”

e ① 日本《百炼抄》：“宽喜二年十月廿九日自昨日夜客星出现，养和元年（1181 年）以后无此变欤。”宽喜二年十月廿九日相当于 1230 年 12 月 4 日。

② 日本《明月记》：宽喜二年十一月三日夜“奇星现辛方，在织女东，天津艮，奚仲旁”。奚仲为天鹅座 χ、τ、θ 三星。

③ 日本《吾妻镜》：“宽喜二年十二月五日壬戌，客星出现；十一日戊辰，今晓客星犹出现。京都十月廿八日出现，天文博士维藩朝臣最先奏闻。”

④ 日本《本国寺年谱》：“宽喜二年十二月五日客星西州见之，十月京洛见之廿八日。”

f ① 《明史・天文志》星表部分记有：“又有古无今有者。策星旁有客星，万历元年新出，先大今小。”策星即仙后座 γ 星。

② 《中西经星同异考》梅文鼎序中有：“王良之策有万历癸酉年新出之星。”

g 从这时起，西洋人都把日期换算弄错了 10 天，他们没有考虑到 1582 年的改历。

(表的制作过程中得到竺可桢、叶企孙、张钰哲、戴文赛和 И. С. Шкловский 的鼓励和很多帮助,特此致谢。)

〔《天文学报》, 1955 年第 3 卷第 2 期;写作日期:1955 年 8 月〕

爆发星的物理性质

中国天文学会北京分会学术报告提纲之一

一、爆发星的分类

（1）类似新星的变星（类新星）——再发新星——超新星。

（2）金牛座 T 型星——鲸鱼座 uv 型星。

二、新星的形态特征

1. 光变曲线

$$\tau = \frac{C(m)}{t^{\alpha}}$$

2. 光谱变化

（1）极大前不久——A 型 F 型，谱线紫端位移。

（2）极大后——吸收线的红端出现发射带。$A=B$。

（3）以后亮度变弱——明线光谱由 B–A。

（4）星云阶段——禁线出现。

（5）最后成为 WR 星光谱。

3. 外壳质量

（1）按极大时的亮度来定：（外壳质量愈大，极大时亮度亦愈大）

$$M_{\max}=-17.2-2\log\frac{m}{m_{\odot}}$$

取 $M_{\max}$=−6，得 $m=(10^{-6}\sim10^{-4})m_{\odot}$，取 $M_{\max}$=−15，得 $m=0.1m_{\odot}$（即按求行星状星云质量的办法）。

（2）按星云阶段时亮度和体积来定

$$m=C\sqrt{LV}\qquad m=(10^{-6}\sim10^{-4})m_{\odot}$$

4. 爆发频率——周期变幅关系

$$A=0.80+1.667\log P（日）$$

5. 蓝白序列

$$M_{\max}=-10\pm2.2\log^{r_{n}}$$

$$M_{\min}从-2^{m}\to>10^{m}，弥散率12^{m}$$

O、B 型星→WR 星→再发新星→新星→白矮星。

三、新星的演化

1. 密耳思的假说——普通星变为白矮星，此时

$\Delta E=Gm_{*}^{2}\left(\frac{1}{R_2}-\frac{1}{R_1}\right)$，取 $m_{*}=m_{\odot}$数倍，得 $\Delta E\neq10^{50}$ergs

2. 新星爆发时所释放的能量

（1）辐射能

$$E_{辐射}-\int l(t)\mathrm{d}t\quad 10^{45}-10^{46}\,\mathrm{ergs}$$

（2）外壳的动能

$E_{动}=\frac{1}{2}mv^{2}$，取 $m=10^{28}\sim10^{29}$，v=1000km/s，得 $10^{44}\sim10^{45}$ergs。

（3）外壳脱离星的能量：

$E_{脱离}=G\frac{m_{*}m}{R}$，取 $m=m_{\odot}$数倍，$R=0.1R_{\odot}$，得 $10^{45}\sim10^{46}$ergs。

∴总共为 $10^{45}\sim10^{46}$ergs，（⊙在 $10^{5}\sim10^{6}$ 年才能辐射这样多的能量）

3. 逐步过渡

$$m_{a}=40m_{\odot}。m_{WR}=10m_{\odot n}\quad m_{W\alpha}<m_{\odot}$$

4. 困难之处

（1）WR 星常是双星，且其伴星为热巨星。新星完全没有伴星，或有也很弱小，白矮星有着各种不同的伴星。

（2）与 WR 星的速度分布和空间分布不一致。

四、新星的空间分布

1. 新星的距离测定

①t_{α}法；②利用吸收线的位移与极大前亮度增加的比较；③利用外壳膨胀速度的测量。

2. 新星的空间分布：

新星——中介子系　超新星——扁平子系

多出现在中央区域，银面，银心聚度都很大，但不及 O 型星。

五、新星的爆发原因及宇宙线和射电源

（1）爆发原因——非原子核反应的突然加剧，而是由于内部结构的大调整。

（2）非对称地抛射物质，而是以“星珥”形式抛射。

（3）新星爆发时，除抛射物质外，还抛射电子和质子：电子在星际磁场中减速，形成无线电辐射；质子在磁场中加速，来到地球上成为宇宙线。

六、金牛座 uv 型星和金牛座 T 型星的爆发性质

（1）观测结果。

（2）彗状星云 FGC 1555 的变化。

（3）金牛座 T 型星向早型星方面的延伸——蛇夫座××型星（B、A 型），北冕座 R 型星（F 型），御夫座 AE 星（O_9）。

（4）Herbig-Haro 天体——金牛座 T 型星发展的最初阶段。

（5）δ 型星成群出现，有焊存在，因而是年轻的星。

（6）太阳的爆发性质——色球爆发和射电爆发。

七、恒星能源的新理论

（1）碳氢反应所遭遇的困难。

（2）星前物质的性质。

（3）元素的衰变机构的讨论。

参 考 文 献

Б. А. Воронцов-Вельяминов. Газовые туманности и новые звезды，глава V.

В. А. Амбарцумян，Теоретическая астрофизика，глава V.

В. А. Амбарцумян，ПочислениеНейрерозайон Эмисслие.

И. С. Шкловский，Гадевоастрона ния，глава IX.

McLaugelin，PASP，57，69（1945）.

И. М. Коцвилов，ДАН. 99，4，515-518（1945）.

И. М. Гордон，ДАН，10，2，233-236（1955）.

竺可桢，科学通报 1955 年 1 月号文.

戴文赛，科学通报 1955 年 6 月号文.

席泽宗，科学通报 1955 年 1 月号文.

〔《北京科联会讯》，1955 年第 5 期〕

中、朝、日三国古代的新星记录及其在射电天文学中的意义*

一、古代的新星记录

新星爆发时，它的亮度在几天以内可以增加几千到几万倍；超新星爆发时，亮度在几天以内可以增加几千万到几亿倍。可惜这些现象都很少见。在我们银河系里，超新星自 1604 年在蛇夫座出现过以来，至今 360 年间就再没有发现过①；新星每年平均约有 50 颗出现，但亮到肉眼能看见的不多，19 世纪里有 5 颗，20 世纪前 50 年里有 16 颗[1]。在这种情况下，天文学家为了研究新星和超新星，就需要寻求历史上的新星

---

* 本文曾在 1964 年北京科学讨论会上宣读，在本刊和《科学通报》同时发表，本刊发表时略有修改。

① 1843 年在船底座爆发的 η 星、1928 年人马座新星和 1956 年 9 月小熊座新星，都被认为可能是超新星，但尚未肯定。

记录。

远在 110 多年前法国汉学家毕奥（E. Biot）就注意到中国在这方面有丰富的资料，他从《文献通考》和《续文献通考》中把到 1640 年为止的中国观测到的奇星（包括新星、彗星甚至流星）整理出来，发表在 1846 年的《法国天文年历》上，引起了欧洲人的注意[2]。自此以后，德国的洪堡（K. Humboldt）[3]和辛耐尔（E. Zinner）[4]、瑞典的伦德马克[5]和日本的山本一清[6]均曾根据这些资料及其他一些零星材料，编制过古代的新星表。然而他们所用的资料都不全面，例如，在辛耐尔的表中，1054 年、1572 年和 1604 年出现的 3 颗超新星竟全未列入。又如，山本一清的表竟没有利用日本本国的观测资料。

作者于 1955 年根据中国和日本的史料编出《古新星新表》，列出了 90 颗可能的目视新星，最早从公元前 14 世纪甲骨文的记载开始，最迟到 1700 年为止[7]。这个表发表后，曾被各国天文工作者广泛地引用；然而在时间过了 9 年以后的今天看来，这个表也有其缺漏不妥之处，首先是丰富的朝鲜记录没有列入，其次是已经发现表中列的有些实际上是彗星。1962 年马来亚大学的何丙郁也曾经指出几条错误[8]。

鉴于古代的新星记录在今后的天文学研究中还有一定的意义，最近我们又在广泛收集材料的基础上，将中、朝、日三国有关的历史资料相互对比，重新审查一遍。因为古代所用术语往往相互混淆，新星、彗星很难区分，我们根据近代天文知识确定了几项鉴别新星的标准：①凡是位置有变化或有尾巴的，不论记作客星还是彗星，肯定都是彗星，一律不收。②只有方位，而无具体位置者，常常是指日出前见于东方，日落后见于西方，离太阳很近者，是彗星的可能性很大，不收。③位置远离银河，而又在黄道附近者不收。④长星、蓬星、烛星不收，这些都是彗星的别名。⑤碰到直接用“彗星”这一名词作记录时，严格审查，一般不收；但在用“星孛”一词时，只要有具体位置，一般就收。因为《晋书·天文志》中的定义是“偏指曰彗，芒气四出曰孛”，“孛”比“彗”是新星的可能性大些。⑥前后半年以内有显著彗星出现者，严格审查。

⑦以上 6 条标准都符合以后，再将挑出来的可能是新星的资料，和 1958 年出版的《变星总表》[9]中 14 500 多颗变星比较，看是否可能是其他类型的变星，如是，也不列入。

经过这样七步审查以后，在将近 1000 项资料中，能够认为是新星的就只有 90 项，我们把它作为附表，列在本文的后面，以供天文工作者参考。

和《古新星新表》相比，这个表保留了原有的 53 项，删除了 37 项（记录中无具体位置的，已证明是彗星和变星的，另有 4 项合并为 2 项），又新增了 37 项材料（其中朝鲜的占一半）。应该指出的是：①原有 53 项中，有些这次也增加了新的内容；②新增 37 项中，除中、朝两国的以外，还有越南的一条；③为了资料的完整性，我们把阿拉伯和欧洲有关的 7 项资料，也按年代顺序插在里面，但用罗马字母另排号数；④三国记录有，别的国家也有的，在阿拉伯数字上面加方括号，这样的情况共有 4 个。

二、超新星与射电源

在这 90 项资料中最有趣的是 1054 年出现的新星。1942 年戴文达（J. J. L. Duyvendak）、梅耶尔（N. U. Mayall）和奥尔特（J. H. Oort）等证认出它是金牛座蟹状星云的前身[10-12]。20 世纪 20～30 年代的观测证明，蟹状星云在以每秒 1100 千米的速度继续膨胀着。用这个星云的角直径（约 5′）除以它的边缘膨胀的角速度，得知这个星云大约是在 1000 年前从中心一点开始膨胀的，恰好在这个时候中国和日本记录了在同一位置上出现的客星。以蟹状星云膨胀速度之大，这颗客星一定是超新星。中国和日本的天文学家几乎同时发现了这颗超新星，而中国记录得最详细。根据这些记录所画出的光变曲线和至今了解得最清楚的 1938 年在星系 NGC 4182 中所出现的超新星的光变曲线很是一致，这充分证明了东方古代观测的可靠性。

无线电望远镜出现以后，1949 年发现蟹状星云是一个射电源[13]。它发出强烈的无线电波，波长从 7. 5 米到 3. 2 厘米，波长越短，射电强度越弱。如果把这个星云射电强度和光强度随频率变化的曲线画在一张图上，即可以看出：二者是同一曲线的两个片段。这是一个引人入胜的发现，它表明蟹状星云发出的光波和无线电波是由同一原因造成的。这不是通常的恒星高温引起的热辐射，而是高能电子在磁场中加速时产生的同步加速辐射[14]。后来在 1572 年和 1604 年爆发过超新星的位置上都拍得了星云的照片，也接收到了无线电波[15-16]。于是引出了一个重要的设想：每一个超新星爆发都喷射出星云，星云形成射电源。这个设想是否正确，一方面需要由更多的观测来检验；另一方面，古代的观测记录也可提供证据和线索，而在这一方面，东方古代的记录是可以做出贡献的。

1572 年在仙后座出现的超新星，现在叫做“第谷超新星”，因为杰出的丹麦天文学家第谷曾经详细观测过它。但是从《明实录》来看，中国比第谷还早发现三天，而且多观测了约两个月。我们的观测时间是从 1572 年 11 月 8 日（明隆庆六年十月初三）到 1574 年 6 月（明万历二年四月），第谷是从 1572 年 11 月 11 日到 1574 年 3 月 15 日。朝鲜也记载了这颗超新星，《宣祖实录修正》中说：“宣祖五年十月客星现于策星之侧，大于金星。”

1604 年在蛇夫座出现的超新星，现在叫做“开普勒超新星”，德国天文学家开普勒发表过对这颗星的 12 个月观测结果。根据《明史》的记载，中国人发现这颗新星（1604 年 10 月 10 日）只比意大利的隐名医生迟一天，并且也有将近一年的观测（从 1604 年 10 月 10 日到 1605 年 10 月 7 日），只比欧洲少两天（欧洲从 1604 年 10 月 9 日到 1605 年 10 月 8 日）。朝鲜发现这颗星虽然比中国和欧洲晚三四天，但在 5 个多月中间每天晚上准时观测，测其位置，量其光度，遇天阴下雨时，还特别书明今晚没有观测[17]。现在根据中国和朝鲜的记录绘出这颗星的光变曲线；为了比较起见，也将巴德根据欧洲的记录画的曲线[18]用虚线画在同一图上（图 1）。显然，彼此有很大的不同。根据朝鲜的记载，极大可能发生于 10 月 28 日，大如金星；而开普勒的记录中极大发生在 10 月 17 日，亮于木星。看来，还是朝鲜的记录可靠些：10 月 17 日那天，朝鲜的记录也是“大如岁星”，和开普勒的一致，而在 10 月 17 日到 1 月 3 日，欧洲没有观测记录。

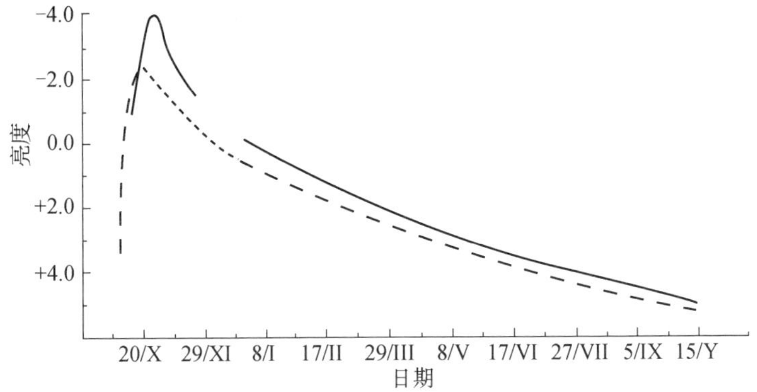

图 1　1604 年蛇夫座新星的光变曲线（目视星等）

注：实线是根据中、朝两国记录绘制的。1604 年 11 月 27 日至 12 月 25 日，新星方位近太阳，不能进行观测，故无记录；虚线是巴德根据欧洲观测记录绘制的。1604 年 10 月 18 日至 1605 年 1 月 2 日，欧洲无记录（即图中的点线一段）

以上是现在公认的 3 颗银河超新星。根据这 3 颗超新星的特点，似乎可以确定出以下两条标准，以便从历史上的新星记录中把超新星区别出来：①亮度特别大而可见期又特别长者。以上 3 颗超新星的可见期都在一年以上，而 20 世纪四颗最亮的新星，除 1934 年武仙座新星以外，可见期都小于一年。新星如果亮到金星那样程度，则在变前和变后已是肉眼可见的星，古人大概可以分辨出来。②如果新星爆发的地方有射电源，而射电源又具有非热辐射性质，则这颗新星一定是超新星[19]。

这两个条件可以相互为用：一方面在符合第一个条件的地方去寻找射电源；另一方面在有射电源的地方去寻找超新星的遗迹和记录。以下就谈谈历史上几个可能的超新星及其与射电源的关系。

（1）“（后汉）中平二年十月癸亥，客星出南门中，大如半筵，五色喜怒稍小，至后年六月消。”《后汉书》里的这段话可能是世界上最早的超新星记录①。这颗超新星出现于半人马座的 α 和 β 星之间，可见期达 20 个月之久。它的 1950 年的坐标位置（以下所用位置全换算到 1950 年）是

$$\alpha=14^{h}，\delta=-60°$$

考虑到它的很大的南赤纬，出现时位置靠近地平线，就很容易理解“五色喜怒”这句话，它是明亮的恒星在靠近地平线时所产生的光学现象：有颜色，闪烁极强烈。令人难以理解的是“大如半筵”，“筵”是竹席，星如竹席那么大，似乎是彗星。但是在同一地方停留 20 个月，这又排除了是彗星的可能性。看来“筵”字可能是“筳”字之误。“筳”即天文学家所用的竹算子，天文学家用他们使用的工具来比喻星的大小这是很自然的。考虑到后汉时的十月，约当秋分季节，南门与太阳几乎同时没入地平线下面，这颗星必然能够昼见。它这样亮，又长期不动，必是颗超新星。什克洛夫斯基认为，半人马座一个较强的射电源（$\alpha=13^{h}35^{m}$，$\delta=-60°15'$）就是由于这个超新星爆发形成的[21]。

（2）1954 年什克洛夫斯基和沙因（Г. А. Шайн）等认为星云 IC443 是中国唐文宗开成二年（837 年）三月出于东井下的客星的遗迹，这个星云也是一个射电源[22-23]。当时本文作者认为这颗客星不是新星，而是哈雷彗[7]。现在看来它是新星，理由有二：一是 4 月 28 日彗星在狮子座，到了 29 日就跑到双子座，一天之内移动 45°，这是不可能的；二是根据哈雷彗该年轨道视行迹的推算，它的视逆转应该于 4 月下旬发生在狮子座，到不了双子座。

不过若说这颗新星就是 IC443 的前身，还是成问题的。因为这个星云的位置是在双子座 η 星和 μ 星之间，而原文是在东井下，即在双子座 ξ 等星之南，位置相差太远。倒不如说“（魏太延）三年（宋元嘉十四年）正月壬午（437 年 2 月 26 日），有星晡（下午 3～5 时）前昼见东北，在井左右，色黄，大如橘”是这个星云的前身。下午 3 时以前，这星就能

① 英国毕尔（A. Beer）认为甲骨文中的记录也是超新星，并且能和射电源 2C1406 联系起来[20]。但由于对卜辞的解释，还有不同的说法。我们觉得从这里算起，较为合适。

在东北方天空看见，视星等总得在-4^m左右。现在知道星云的距离是2000秒差距，若取吸光改正值为每千秒差距$1.^m5$，得出这颗超新星在极大时的绝对星等约为-19^m，是超新星中最大者。

另一方面，在东井下的那颗新星，可能和另一个射电源 CTB-21[24]对应。在这个射电源的位置上有一个玫瑰星云，和 IC443 一样，具有精细结构，它也可能是超新星的遗迹。

（3）《新唐书》和《文献通考》里说："乾封二年（667 年）四月丙辰，有彗星于东北，在五车、毕、昴间，乙亥不见。"《旧唐书》和《唐会要》里说："总章元年（668 年）四月彗星见五车……星虽孛而光芒小……二十二日星灭。"这两条记录实际上说的是一回事，因为乾封二年四月丙辰为四月二十六日，乙亥已在五月十五日，不在四月份内。而乾封三年四月丙辰为四月初二日，二十一日为乙亥，这与"二十二日星灭"的记录只差一天。乾封三年即总章元年，由此看来，《新唐书》里的"二"字是"三"字之误。

关于这一天象，朝鲜也有两条记载。《三国史记》和《增补文献备考》里说"新罗文武王八年四月，彗守天船"，同时又说"高句丽宝藏王二十七年夏四月，彗见于昴、毕之间"。根据中国和朝鲜的这四项记录，特别注意到《三国史记》中的"守"字，可以认为这是一颗新星、位置在毕宿和昴宿的经度范围内、五车和天船之间：

$$\alpha=4^h30^m,\ \delta=45°$$

在这个地方正好有一个射电源 CTB-13，其位置为

$$\alpha=4^h24^m,\ \delta=47°,\ 角大小=5°\times2°$$

威尔逊（R. W. Wilson）和博尔顿（J. G. Bolton）根据这个射电源的结构性质，于 1960 年指出它应为超新星爆发的遗迹[25]。现在看来，果然如此。

（4）《新唐书》和《旧唐书》里的"永淳二年三月丙午，有彗星于五车北，凡二十五日，至四月辛未不见"和《三国史记》里的"新罗神文王三年十月，彗星出五车"可能是描述的同一现象。永淳二年三月丙

午至四月辛未相当于公元683年4月20日至5月15日，五车即御夫座，5月15日以后，太阳逐渐接近了御夫座，它看不见了。半年以后，御夫座于后半夜见于东方，10月间碰上了它的光变曲线的副极大，被朝鲜天文学家观测到了。今天在五车北正好有一个强的射电源御夫A，法国斯登保（J. L. Steinberg）和列谷（J. et Lequeux）于1960年写的《射电天文学》[26]里指出这个射电源应该是Ⅱ型超新星的遗迹。Ⅱ型超新星光极大时的亮度较小，光变曲线有副极大[27]。

（5）1963年普斯考夫斯基（Ю. П. Псковвский）将CTA-1与中国记录的爆发于902年的一颗超新星对应起来了。他由CTA-1处星云纤维物质的直径（100～150秒差距）估出的距离，求出亮度极大时的视星等为-8^m；按照仙后B的光变曲线，CTA-1超新星看见约两年。中国“（唐）天复二年（902年）正月，客星如桃，在紫宫华盖下……至明年犹不去”这一记载，在位置、亮度、可见期等方面都与此推断符合[28]。

（6）13世纪的阿拉伯历史学家巴尔赫布劳斯（Barhebraeus）在他写的《叙利亚编年史》中写道：“回历三百九十六年出现了亮如金星的一颗星，它光芒四射，宛如月亮，在发光之后四个月消失不见。”[29]在他之前，另一位阿拉伯历史学家伊本•阿西尔（Ibn al-Athīr）写的《通史》中也说：“回历三百九十六年舍尔邦（八月）一日，在伊拉克的基布拉左边，出现了很大的特别明亮的星，仿如月亮一样，一直到助勒•盖尔德（十一月）十五日方不见，共历时四个月。”[30]回历三百九十六年相当于1006年，伊拉克的基布拉是由巴格达向麦加的方向，考虑到此星出现的季节（公历5月3日到8月13日），荀费尔德断定：这是新星爆发于天蝎座的记载[31]。什克洛夫斯基认为这是一颗超新星，并且讨论了可能与它相联系的几个射电源[32]。但是在中国和日本的历史书中，对这颗星有极为详细的记载。根据这些记载，这颗星并不在天蝎座，而是在豺狼座，也许就是骑阵将军星（豺狼座κ星）本身的爆发，因为日本的《明月记》中说“或云骑阵将军星变本体增光欤”；中国的《宋会要辑稿》说“见大星色黄，出库楼东骑官西，测在氐三度”，处在这个位置上的也正好是骑阵将军。骑阵将军现在是一颗双星，两个成员星的光谱为 B0 和 A9，绝对星等 $0^m.6$。近几年来发现，许多新星都是双星[33]，而新星在变后的光谱也可能是 B 型和 A 型。这样看来，骑阵将军可能就是一颗肉眼能够看到的变后新星（迄今所知，也是唯一的一颗）。

（7）日本的《吾妻镜》里说："治承五年六月二十五日庚午（1181 年 8 月 7 日），戌刻客星见艮（东北）方，大如镇星，色青赤，有芒角，是宽弘三年（1006 年）出现之后无例，云云。"中国的《宋史》和《金史》中也记录了这一客星："（宋）淳熙八年（金大定二十一年）六月己巳（1181 年 8 月 6 日），出奎宿，犯传舍星，至明年正月癸酉，凡一百八十五日始灭。"（《宋史》）这可能是超新星出现于仙后座的记载。

（8）"（宋）宁宗嘉泰三年六月乙卯（1203 年 7 月 28 日），东南方泛出一星在尾宿，青白色，无芒彗，系是客星，如土星大。"《文献通考》里的这一段叙述，排除了这一记载是彗星的可能性，可以认为是一颗新星；又考虑到这一天区星际吸光特别厉害，这颗星的本身亮度要比当时看到的亮得多，它还可能是一颗超新星。现在在这个位置附近有一个射电源 CTB-37，其光谱指数为−0.3，具有非热辐射性质。

（9）朝鲜李宣祖二十五年（1592 年）同时记录了三颗新星。这三颗新星有一颗在鲸鱼座 θ 星附近，银纬非常大（−70°），可见期达 15 个月。另外两颗都在仙后座，其在王良第一、第二星（仙后座 β 和 κ）之间的一个，可见期近 4 个月（1592 年 11 月 30 日至 1593 年 3 月 28 日），能与射电源 CTB-1 对应起来，可能也是一颗超新星。

三、超新星的爆发频率

综上所述，中、朝、日三国历史上共记录了 12 颗超新星（也许还有，这要等待射电天文学来证认），这 12 个超新星的银经 l、银纬 b、视星等 m、可见期 t 和距离 r 如表 1 所示。

表 1

号数	超新星	观测者	年份	遗迹	射电源	l	b	t	m	r/秒差距	附注
1	半人马 B	中	185	—	13S6A	282°	0°	20 月	—	—	H
2	双子座新星	中	437	IC443	06N2A	162°	+9°	—	−4	2000	H
3	英仙座新星	中、朝	668	观测到纤维物	CTB-13	127°	0°	19 日	—	—	H
4	御夫 A	中、朝	683	—	04N4A	130°	+4°	25 日	—	1900	H
5	麒麟座新星	中	837	玫瑰星云	CTB-21	74°	0°	23 日	—	—	—
6	仙后座新星	中	902	暗的光学发射弧	CTA-1	87°	+10°	2 年	−8	150	H
7	金牛 A	中、日	1054	蟹状星云	05N2A	155°	−3°	22 月	−5	1100	H
8	仙后座新星	中、日	1181	—	?	94°	+3°	185 日	+1	（2300）	—
9	天蝎座新星	中	1203	Sharpless 51?	CTB-37	304°	−1°	—	+1	（2300）	—
10	仙后 B	中、朝、欧	1572	观测到	00N6A	90°	−2°	18 月	−4	360	H
11	仙后座新星	朝	1592	纤维物质环	CTB-1	86°	0°	118 日	—	—	H
12	蛇夫座新星	中、朝、欧	1604	观测到	CTB-41	332°	+5°	12 月	−4	1000	H

将表 1 与 1962 年哈里斯所提出的可能是超新星遗迹的 25 个射电源[34]相对比，其中有 9 个对应上了，凡是在附注中用 H 标出的就是。这是一个很可观的数字。遗憾的是，没有找到关于最强的射电源仙后 A 的资料，现在一般人认为它是 1700 年左右爆发的一颗超新星的遗迹[35]。

这 12 颗超新星再加上欧洲和阿拉伯国家记录的新星有两颗可能是超新星①，历史上总共记录了 14 颗河内超新星。2000 年间有 14 颗超新星，平均每 150 年出现一颗，这比兹威基（F. Zwicky）所认为的平均每个星系每 359 年出现一次的频率[36]要大得多。

① 389 年罗马人观测到的天鹰座新星：l=14°，b=−4°，t=21 日，n=−3^{m}.5。827 年阿拉伯人观测到的天蝎座新星：l=322°，b=+5°，t=4 月，m=−10^{m}。

再从这 14 颗超新星的银经分布来看，如图 2 所示，在反银心的方向比在银心的方向多，这很奇怪。它可能是由以下两个原因造成的：①南赤纬大的银河部分（银经从 240°到 300°）在中、朝、日三国看不见。②古人所看到的超新星都离我们比较近，若超新星爆发在距我们 10 000 秒差距处，在没有星际吸光的情况下，若极大时绝对星等 $M=-16^{m}$，则视星等 $m=-1^{m}$，这是一颗和天狼星差不多一样亮的星，很会惹人注意；若星际吸光的改正值为每千秒差距 $1^{m}.5$，则在同样的情况下，$m=+14^{m}$，非得用直径 25 厘米以上的望远镜才能看见。若距离为 5 千秒差距，在后一种情况下，$m=+5^{m}$，肉眼刚能看到。

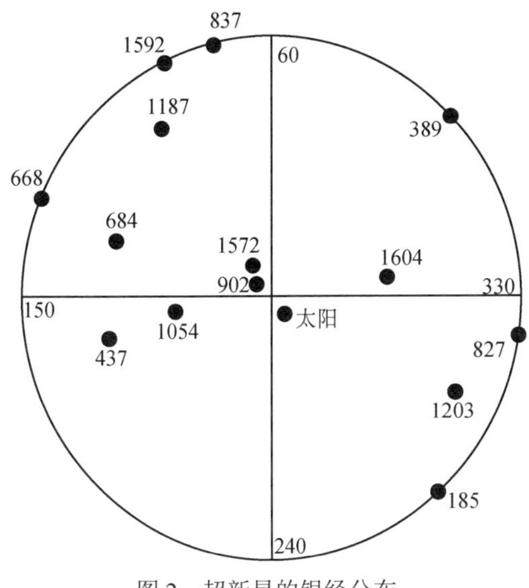

图 2　超新星的银经分布

今设肉眼能见到的超新星的最远距离 $r'=5$ 千秒差距，能爆发超新星的区域离银河中心最远的距离 $r=9$ 千秒差距，又因为超新星的银纬都很小，可以认为是在圆面上讨论问题，于是银河系内超新星的爆发频率 f 和可见范围内爆发频率 f' 之比为

$$f : f' = \pi r^2 : \pi r'^2$$

$$f = \left(\frac{r}{r'}\right)^2 \times f' = \left(\frac{9}{5}\right)^2 \times \frac{1}{150} \approx \frac{1}{50} \text{次/年}$$

这个数字可能是正确的。什克洛夫斯基[32]和奥匹克（E. Opik）[37]均认为在银河系内可能平均每30年爆发一次超新星。在20世纪的前60年中，在旋涡星系NGC3184、NGC4321和NGC6946中就各爆发了三颗超新星。最近的结果似乎表明：超新星的爆发频率和星系的质量与大小有关。像我们银河系这样的大型星系，应该具有很大的爆发频率[38]。

最后，应该指出，超新星爆发频率f的计算，对三方面都有重要意义：第一，在射电天文学中，银河系内寿命小于T的射电源的数目$N=T\times f$，知道了f以后，可以估计出N[32]。第二，与原子物理学中的宇宙线起源问题有关，根据蟹状星云的发光理论和对星际磁场的研究，现在一般人都认为超新星的爆发是宇宙线的源泉[39]。第三，与天体演化学有关，恒星演化是否都要经过超新星爆发阶段，一方面可以由恒星的物理性质的研究来探讨，另一方面也可以由超新星的爆发频率和银河系内恒星变成白矮星的速率相比较来研究。根据计算，在过去50亿（5×10^9）年中，平均每立方秒差距内有0.006个星变成白矮星[40]。若取超新星的爆发频率为50年一次，则在过去50亿年中，每立方秒差距内只有0.0001个超新星爆发，这只有前一数字的1.7%，由此看来，似乎并不是所有恒星都要通过爆发阶段演变成白矮星，而是只有少数恒星才有这种可能。

参考文献

[1] Payne-Gaposchkin，C.，*Handbuch der Physik*，51（1958）. 752.

[2] Biot. E.，*Connaissance des Temps*，61（1846）.

[3] Humboldt，K.，*Kosmos*，III，（1850），220-227.

[4] Zinner，E.，Sirius.（1919）.

[5] Lundmark，K.，*PASP*，33（1921）. 225.

[6] 山本一清，天文月报，14（1921），No. 4.

[7] 席泽宗，天文学报，3（1955），183.
АЖ，34（1957），159.
Smithsonian Contributions to Astrophysics，2（1958），109.

[8] Ho Ping Yu，*Vistas in Astronomy*，5（1962），127.

[9] Кукаркин，Б. В. и другие，*Общцй катапог переменных звёзд*，1958.

[10] Duyvendak，J. J. L.，*PASP*，54（1942），91.

[11] Mayall，N. U. and Oort，J. H.，*PASP*，54（1942），96.

[12] Baade，W.，*Ap. J.*，96（1942），188.

[13] Bolton，J. G.，Stanley，G. J. and Slee，O. B.，*Nature*，164，（1949），101.

[14] Шкловский，И. С.，АЖ，30（1953），15.

[15] Hanbury，Brown and Hazard，*Nature*，170（1952），364.

[16] Shakeshaft，J.，Ryle，M.，Baldwin，B.，Eismore，B. and Thomson，A. J.，*Memoirs of Royal Astronomicsal Society*，67（1955），106.

[17]《宣祖实录》，178.

[18] Baade，W.，*Ap. J.*，97（1943），119.

[19] Mills，B.，Little，A.，Sheridan，S.，*Australian Journal of Physics*，9（1956），84.

[20] Needham，J.，*Science and Civilisation in China*，3（1959），424.

[21] Шкловскнй，И. С.，АЦ，（1953），No. 143；Доклады *АН СССР*，94（1954），417.

[22] Шайн Г. А. и Газе，В. Ф.，Доклады *АН СССР*，96（1954），713；АЖ，31（1954），409.

[23] Шкловский，И. С.，Доклады *АН СССР*，97（1954），53.

[24] Wilson，R. W.，*A. J.*，68（1963），181.

[25] Wilson，R. W. and Bolton，J. G.，*PASP*，72（1960），331.

[26] Steinberg，J. L. et Lequeux，J.，*Radioastronomie*，（1960），p. 237.

[27] Payne-Gaposchkin，C.，*The Galactic Novae*（1957），p. 263.

[28] Псковский，Ю.П.，АЖ，40（1963），No. 3.

[29] Barhebraeus，*Arabic History of Dynasties*（Pocock E，英译，1663）.

[30] Ibn al-Athīr，*Kamil*（Chronicon quod perbectissimum inscribitur，Leiden，1851—1876）.

[31] Schonfeld，E.，*Astronomishe Nachrichten*，127（1891），153.

[32] Шкловский，И. С.，*Труды четвертого совещания по вопросам космогонии*（1955），77.

[33] Kraft，*Ap. J.*，139（1964），457.

[34] Harris，D. E.，Ap. J.，135（1962），661.

[35] Minkowski，R.，*Paris Symposium on Radio Astronomy*，（1959），p. 315.

[36] Zwicky，F.，*PASP*，73（1961），351.

[37] Opik，E.，*Irish Astronomical Journal*，2（1953），219.

[38] Struve，O.，and Zebergs，V.，*Astronomy of the 20th Century*，（1962），p. 349.

[39] Shapiro，M. M.，*Science*，（1962），No. 135，175.

[40] Schwarzschild，M.，*Structure and Evolution of the Stars*，（1958），p. 280.

附录　增订古新星新表

号数	原文	资料来源	时间	星座	α	δ	l	b	L	山	何	附注
1	七日己巳夕㞢，㞢（有）新大星并火 辛未酘新星	殷墟甲骨文	约公元前 14 世纪 约公元前 14 世纪	天蝎座 α 星附近	16^h30^m	−25°	321°	+13°	—	—	1	李约瑟认为两者是记录同一新星
2	（周）景王十三年春，有星出婺女	《竹书纪年》	公元前 532 年	宝瓶座 3、5、μ、ε 星	—	—	—	—	—	—	6	—
3	（汉）高帝三年七月，有星孛于大角，旬余乃入	《汉书》 《文献通考》	公元前 204 年	牧夫座 α 星附近	14^h15^m	+20°	346°	+66°	—	—	23	可能是牧夫座 AB 新星的一次爆发
[4]	（汉）元光元年六月，客星见于房	《汉书》	公元前 134 年	天蝎座 β、δ、π、ρ 星	—	—	—	—	[1]	1	40	依巴谷也观测到
5*	（汉）元封中，星孛于河戌	《汉书》	公元前 108～前 107 年	双子座	—	—	—	—	—	—	45	—
6	（汉）元凤四年九月，客星在紫宫中斗枢极间	《汉书》	公元前 77 年	大熊座 α 星和北极之间	11^h45^m	+72°	98°	+50°	[2]	2	50	—
7	（汉）元帝初元元年四月，客星大如瓜，色青白，在南斗第二星东可四尺	《汉书》	公元前 48 年	人马座 τ 星之东	18^h20^m	−25°	335°	−7°	[4]	3	57	据神田茂考证，南斗第二星为人马座 τ 星
8	（汉哀帝建平）二年二月，彗星出牵牛七十余日	《汉书》	公元前 5 年	摩羯座 α、β、ε、ρ、π、O 星	—	—	—	—	—	—	63	—

续表

号数	原文	资料来源	时间	星座	α	δ	l	b	L	山	何	附注
9*	（新罗始祖）五十四年，春二月己酉，星孛于河鼓（汉建平三年）三月己酉……有星孛于河鼓	《三国史记》（朝） 《汉书》	公元前4年	天鹰座α、β、γ星	19^h50^m	+10°	17°	−10°	—	—	64	可能是天鹰座新星V500的爆发
10	（后汉）建武五年……客星犯帝座	《后汉书·严光传》	29年	武仙座α星附近	17^h20^m	+15°	5°	+24°	—	—	67	可能是“再发新星”
11*	（百济己娄王九年）四月乙巳，客星入紫微 （新罗婆娑王六年）四月，客星入紫微 （后汉元和二年）夏四月乙巳，客星入紫宫	《三国史记》 《三国史记》 《后汉书·章帝本纪》	85年6月1日	恒显圈	—	—	—	—	—	—	86	—
12	（后汉）孝安帝永初元年秋八月戊申，有客星在东井、弧星西南	《通志·灾祥略》 《东汉会要》	107年9月13日	大犬座κ、船舻座π等星西南	7^h	−35°	214°	−12°	[9]	6	90	—
13	（后汉）延光四年冬十一月，客星见天市	《通志》 《文献通考》 《后汉书》 《东汉会要》	125年12月13日～126年1月11日	蛇夫、武仙、巨蛇、天鹰等座	$15\sim19^h35^m$	−15° +30°	—	—	—	7	94	—
14*	高句丽次大王十三年春二月，星孛于北斗	《三国史记》 《增补文献备考》（朝）	158年3月18日～4月15日	大熊座	$11^h\sim14^m$	50°～60°	—	—	—	—	104	—

续表

号数	原文	资料来源	时间	星座	α	δ	l	b	L	山	何	附注
15	（后汉）中平二年十月癸亥，客星出南门中，大如半筵，五色喜怒稍小，至后年六月消	《后汉书》《文献通考》	185 年 12 月 7 日至 187 年 7 月 28 日～8 月 21 日	半人马座 α、β 星之间	14^h20^m	−60°	282°	0°	[12]	8	109	超新星　射电源
16*	（后汉建安五年）冬十月辛亥，有星孛于大梁	《后汉书》《通鉴纲目》《文献通考》《东汉会要》	200 年 11 月 6 日	—	3^h～5^h	—	—	—	—	—	115	—
17*	（后汉建安十二年）冬十月辛卯，有星孛于鹑尾	《后汉书》《通鉴纲目》《文献通考》《东汉会要》	207 年 11 月 10 日	—	10.5^h～13^h	—	—	—	—	—	119	—
18*	（后汉建安）十七年十二月，有星孛于五诸侯	《后汉书》《通鉴纲目》《文献通考》《东汉会要》	213 年 1 月	双子座 θ、τ、l、ν、ϕ 星附近	7^h	30°	155°	+18°	—	—	120	—
19*	（晋）泰始五年九月，有星孛于紫宫	《晋书》《宋书》《文献通考》《通鉴纲目》	269 年 10 月 13 日～11 月 10 日	恒显圈	—	—	—	—	—	—	145	—
20*	（晋）泰始十年十二月，有星孛于轸	《晋书》《宋书》《文献通考》	275 年 1 月 14 日～2 月 12 日	乌鸦座 α、β、γ、δ 星	—	—	—	—	—	—	146	—

续表

号数	原文	资料来源	时间	星座	α	δ	l	b	L	山	何	附注
21	（晋）太熙元年夏四月，客星在紫宫	《通志》《文献通考》	290年4月27日～5月25日	恒显圈	—	—	—	—	[14]	—	155	—
22	（晋）永兴元年五月，客星守毕	《晋书》《通志》《文献通考》《宋书》	304年6月19日～7月18日	金牛座λ、γ、δ、ε、θ、α等星	—	—	—	—	[16]	10	163	—
23*	（晋）成帝咸和四年七月，有星孛于西北，犯斗，二十三日灭	《晋书》《宋书》《文献通考》	329年8月11日～9月9日	大熊座	11^h～14^h	50°～60°	—	—	—	—	167	—
24	（晋）海西公太和四年二月，客星见紫宫西垣，至七月乃灭	《晋书》《通志》《文献通考》	369年3月24日～4月22日至8月19日～9月17日	天龙座α、κ、λ，大熊座24，鹿豹座43，α星附近	3^h10^m～14^m	+65°～+70°	—	—	[17]	11	174	—
25	（晋）太元十一年春三月，客星在南斗，至六月乃灭	《晋书》《通志》《宋书》《文献通考》	386年4月15日～5月14日至7月13日～8月10日	人马座μ、λ、ϕ、τ、σ、ξ星附近	—	—	—	—	[18]	12	177	—
I*	（罗马）Cuspianus观测到河鼓二附近出现新星，大于金星，三周后消失		389年	天鹰座α星附近	19^h50^m	+10°	14°	−4°	[19]	13	—	超新星

续表

号数	原文	资料来源	时间	星座	α	δ	l	b	L	山	何	附注
26	（晋太元）十八年春二月，客星在尾中，至九月乃灭	《晋书》《通志》《文献通考》	393年2月27日～3月28日至10月22日～11月19日	天蝎座ε、μ、ξ、η、θ、l、κ、ν、λ星之间	17^h20^m	−40°	316°	−4°	[20]	14	179	—
27	（魏）太祖皇始元年……有大黄星出于昴、毕之分，五十余日……冬十一月，黄星又见，天下莫敌	《魏书》	396年	金牛座η、λ、γ等星间	4^h	+20°	141°	−22°	—		182	—
28*	（魏神瑞元年）六月乙巳，有星孛于昴南	《魏书》	414年7月20日	金牛座 η 等星南	3^h40^m	+20°	137°	−25°	—	—	187	—
29*	（晋元熙元年正月）戊戌，有星孛于太微西蕃 百济腆支五十五年春正月戊戌，星孛于太微	《晋书》《文献通考》 《三国史记》	419年2月17日	狮子座δ、θ、l、σ、β星附近	11^h10^m～11^h50^m	0°～+20°	—	—	—	—	192	—
30	（魏泰常五年）十二月……客星见于翼	《魏书》	421年1月20日～2月17日	巨爵座、长蛇座	—	—	—	—	—	—	194	—
31	（魏太延）二年五月壬申，有星孛于房	《魏书》	436年6月21日	天蝎座β、δ、π、ρ星	—	—	—	—	—		199	—
32	（魏太延）三年（宋元嘉十四年）正月壬午，有星晡前昼见东北，在井左右，色黄，大如橘	《魏书》《宋书》	437年2月26日	双子座μ、λ、ε、ξ等星	6^h40^m	+20°	162°	+9°	—	—	200	超新星　射电源

续表

号数	原文	资料来源	时间	星座	α	δ	l	b	L	山	何	附注
33	魏元象四年（西魏大统七年）正月，客星出于紫宫	《魏书》《西魏书》	541年2月11日～3月12日	恒显圈	—	—	—	—	—	—	222	—
34	（周）武帝保定元年九月乙巳，客星见于翼	《隋书》《通志》	561年9月26日	巨爵座、长蛇座	—	—	—	—	[21]	15	224	—
35	（陈）宣帝太建七年四月丙戌，有星孛于大角	《隋书》《通志》	575年4月27日	牧夫座 α 星附近	14^h20^m	+20°	346°	+66°	—	—	231	可能是牧夫座AB新星的爆发
36	（隋开皇八年）十月甲子，有星孛于牵牛	《隋书》《通志》《文献通考》	588年11月22日	摩羯座 ξ、α、β、π、o、ρ 星附近	—	—	—	—	—	—	235	—
37	（唐）总章元年四月，彗见五车……星虽孛而光芒小……二十二日星灭 （唐）乾封三年四月丙辰，有彗星于东北，在五车、毕、昴间，乙亥不见 新罗文武王八年四月，彗守天船 高句丽宝藏王二十七年夏四月，彗见于昴、毕之间	《旧唐书》《唐会要》 《新唐书》《文献通考》 《三国史记》 《增补文献备考》	668年5月18日～6月6日	英仙座	4^h30^m	+45°	127°	0°	—	—	251	超新星　射电源

续表

号数	原文	资料来源	时间	星座	α	δ	l	b	L	山	何	附注
38	（唐）永淳二年三月丙午，有彗星于五车北，四月辛未不见 新罗神文王三年十月，彗星出五车	《旧唐书》 《新唐书》 《文献通考》 《三国史记》	683 年 4 月 20 日～5 月 15 日 683 年 10 月 25 日～11 月 23 日	御夫座 α、β、θ、l，金牛座 β 星附近	5^h20^m	+50°	128°	+4°	[23]	—	257	超新星　射电源
39*	（唐景龙二年）七月七日，星孛胃、昴之间	《旧唐书》 《新唐书》 《文献通考》 《唐会要》	708 年 7 月 28 日	白羊座 35、39、41 星和金牛座 η 等星之间	3^h10^m	+25°	127°	−25°	—	—	262	—
40*	（唐景龙）三年八月八日，有星孛于紫微垣	《旧唐书》 《新唐书》 《唐会要》 《文献通考》	709 年 9 月 16 日	恒显圈	—	—	—	—	—	—	263	—
41	（日）养老六年七月三日壬申，有客星见阁道边，凡五日	《日本天文史料》（日） 《大日本史》(日) 《一代要记》(日) 《续日本记》(日)	722 年 8 月 19 日	仙后座 l、ε、δ、θ、v、o 星附近	1^h40^m	+60°	97°	−1°	—	—	266	—
42	（日）神龟二年正月二十四日己卯，有星孛于华盖	《日本天文史料》 《大日本史》 《续日本记》	725 年 2 月 11 日	仙后座 38 星附近	1^h30^m	+70°	94°	+8°	—	—	267	—

续表

号数	原文	资料来源	时间	星座	α	δ	l	b	L	山	何	附注
43*	（唐）开元十八年六月甲子，有彗星于五车。癸酉，有星孛于毕、昴	《新唐书》	730年6月30日～7月10日	金牛座、英仙座、御夫座之间	4^h20^m	+30°	136°	−12°	—	—	268	—
44	（日）天平十六年十二月二日庚寅，有星孛于将军	《日本天文史料》《续日本记》《日本纪略》(日)	745年1月8日	仙女座γ、ϕ、ν等星，三角座β、γ等星	1^h30^m ～2^h10^m	+33°～+51°	—	—	—	—	271	—
II	阿拉伯诗人 Haly 和巴比伦的天文学家 Albumazar 观测到天蝎座尾部出现的新星。亮如半月，4个月后方消失	*Geschichte der Astronomie*	827年	天蝎座ε、μ、ξ、η、θ、l、k、ν、λ星间	16^h50^m～17^h40^m	−43°～−33°	—	—	[24]	17	—	超新星
45*	（唐开成二年三月）甲申，客星出于东井下……四月丙午，东井下客星没	《新唐书》《文献通考》	837年4月29日～5月21日	双子座μ、ξ、ε、λ等星之南麒麟座内	—	—	74°	0°	—	—	291	超新星　射电源
46*	（唐开成二年三月）戊子，客星别出于端门内，近屏星……五月癸酉，端门内客星没	《新唐书》《文献通考》	837年5月3日～6月17日	室女座ξ、ν、π、o星附近	12^h	+5°	245°	+65°	—	—	291	—

续表

号数	原文	资料来源	时间	星座	α	δ	l	b	L	山	何	附注
47	（日）贞观十九年（元庆元年）正月二十五日戌时，客星在壁，见西方	《大日本史》《明月记》（日）《日本天文史料》	877 年 2 月 11 日	仙女座 α 星和飞马座 γ 星之间	—	—	—	—	—	—	307	—
48*	（唐）中和元年，有异星出于舆鬼	《新唐书》	881 年	巨蟹座 γ、δ、θ、η 星	—	—	—	—	—	—	—	—
49	（日）宽平三年三月二十九日乙卯，客星在东咸星东方，相去一寸许	《明月记》《日本纪略》《日本天文史料》	891 年 5 月 11 日	蛇夫座 ϕ、χ、ψ、ω 之东	16^h40^m	−20°	327°	+15°	—	—	313	—
50	（唐）天复二年正月，客星如桃，在紫宫华盖下……丁卯……客星不动。己巳，客星在杠，守之，至明年犹不去	《新唐书》《文献通考》	902～903 年	鹿豹座 γ 星、仙后座 ∠8、49、50 等星间	1^h30^m	+65°	95°	+3°			320	超新星　射电源
51	梁太祖乾化元年五月，客星犯帝座	《五代史》《文献通考》《续唐书》	911 年 5 月 31 日～6 月 28 日	武仙座 α 星附近	17^h20^m	+15°	5°	+24°	[30]	—	324	可能是公元29年新星的再发
III*	945 年，仙后座新星	*Leoviticus*	945 年	仙后座	—	—	—	—	[31]	21		—
52*	高丽景宗五年夏，有星犯帝座	《增补文献备考》	980 年 5～8 月	武仙座 α 星附近	17^h20^m	+15°	5°	+24°	—	—	—	可能是公元29年新星的再发

续表

号数	原文	资料来源	时间	星座	α	δ	l	b	L	山	何	附注
	（宋景德）三年三月乙巳，客星出东南方	《宋史》	1006 年 4 月 3 日									阿拉伯天文学家也观测到
	（宋）景德三年四月戊寅，周伯星见，出氐南骑官西一度，状如半月，有芒角，煌煌然可以鉴物，历库楼东，八月，随天轮入浊，十一月，复见在氐。自是常以十一月辰见东方，八月西南入浊	《宋史》《文献通考》	1006 年 5 月 6 日起	—	—	—	—	—	[33]	22	356	
[53]	（宋景德）三年五月一日，司天监言：先四月二日夜初更，见大星，色黄，出库楼东，骑官西，渐渐光明，测在氐三度	《宋会要辑稿》	1006 年 5 月 1 日	—	—	—	—	—	—	—	—	—
	（日）宽弘三年四月二日癸酉夜以降，骑官中有大客星，如荧惑，光明动摇，连夜正见南方。或云骑阵将军星变本体增光欤	《明月记》	1006 年 5 月 1 日起	豺狼座 κ 星	15^h	$-50°$	$292°$	$+6°$	—	—	—	《日本天文史料》中收集资料很多

续表

号数	原文	资料来源	时间	星座	α	δ	l	b	L	山	何	附注
54	（宋）大中祥符四年正月丁丑，客星见南斗魁前	《宋史》《文献通考》	1011年2月8日	人马座φ、σ、τ、ξ星附近	19^{h}	−30°	335°	−18°	[35]	23	358	—
55*	高丽显宗十年十一月辛亥，彗见宗正、宗人、市楼间	《高丽史》（朝）	1020年1月26日	蛇夫座	$17^{h}50^{m}$	−5°	350°	+9°	—		363	可能是再发新星蛇夫座RS星的爆发
56*	高丽显宗二十二年九月庚申，大星入舆鬼	《高丽史》《增补文献备考》	1031年10月4日	巨蟹座θ、η、γ、δ星间	$8^{h}40^{m}$	+20°	174°	+35°	—	—	—	可能是再发新星
57	（日）天喜二年四月中旬以后，丑时客星出觜参度，见东方，孛天关星，大如岁星	《明月记》《一代要记》	1954年5月20日～5月29日起	金牛座ζ星附近	$53^{h}0^{m}$	+20°	154°	−5°	[36]	25	375	超新星射电源：金牛A
	（宋）至和元年五月己丑，客星出天关东南，可数寸，岁余稍没 （宋嘉祐元年三月）辛未，司天监言：自至和元年五月，客星晨出东方守天关，至是没 嘉祐元年三月，司天监言：客星没，客去之兆也。初，至和元年五月晨出东方，守天关，昼见如太白，芒角四出，色赤白，凡见二十三日	《宋史·天文志》 《宋史·仁宗本纪》 《宋会要辑稿》	1054年7月4日 1056年4月6日没	—	—	—	—	—	—	—	—	—

续表

号数	原文	资料来源	时间	星座	α	δ	l	b	L	山	何	附注
58	（辽咸雍元年）八月丙申，客星犯天庙 高丽文宗十九年六月乙卯，客星大如灯	《辽史·道宗本纪》 《高丽史》	1065 年 9 月 11 日 1065 年 8 月 1 日	巨蛇、唧筒、罗盘座间	9^h20^m	−25°	223°	+19°	—	—	379	—
59*	高丽文宗二十七年八月丁丑，客星见于东壁南	《高丽史》	1073 年 10 月 9 日	飞马座 γ 星南	0^h10^m	+10°	78°	−52°	—	—	383	—
60*	高丽睿宗八年七月辛巳，有星孛于营室	《高丽史》	1113 年 8 月 15 日	飞马座 α、β 星附近	23^h	—	—	—	—	—	394	—
61*	高丽仁宗元年七月己巳，有星孛于北斗	《高丽史》	1123 年 8 月 11 日	大熊座	11^h～14^h	50°～60°	—	—	—	—	395	—
62	（宋高宗）绍兴八年五月，守娄	《宋史》 《文献通考》	1138 年 6 月 9 日～7 月 8 日	白羊座 α、β、γ 星	—	—	—	—	[38]	27	402	—
63	（宋绍兴）九年二月壬申，守亢	《宋史》 《文献通考》	1139 年 3 月 23 日	室女座 ϕ、l、κ、λ 星	—	—	—	—	[39]	28	404	—
64	（宋）淳熙二年七月辛丑，有星孛于西北方，当紫微垣外七公之上，小如荧惑，森然蓬孛，至丙午始消	《宋史》 《宋史新编》 《文献通考》	1175 年 8 月 10 日～8 月 15 日	牧夫座、武仙座和天龙座之间	16^h	+60°	58°	+44°	—	29	413	—

续表

号数	原文	资料来源	时间	星座	α	δ	l	b	L	山	何	附注
65	（宋）淳熙八年六月己巳，出奎宿，犯传舍星，至明年正月癸酉，凡一百八十五日始灭	《宋史》《文献通考》	1181年8月6日～1182年2月6日	仙后座	1^h30^m	+65°	95°	+3°	—	29	415	超新星 日本《玉叶》《百炼抄》等书中也有记载
	（金大定二十一年）六月甲戌，客星见于华盖，凡百五十有六日灭	《金史》《续文献通考》	—	—	—	—	—	—	—	—	—	
	（日）治承五年六月二十五日庚午，戌时，客星见北方，近王良星，守传舍星	《明月记》《大日本史》	—	—	—	—	—	—	—	—	—	
	（日）治承五年六月二十五日庚午，戌刻，客星见艮方，大如镇星，色青赤，有芒角，是宽弘三年（1006年）出现之后无例	《吾妻镜》（日）	—	—	—	—	—	—	—	—	—	—
66	（宋）宁宗嘉泰三年六月乙卯，出东南尾宿间，色青白，大如镇星。甲子，守尾	《宋史》《文献通考》	1203年7月28日～8月6日	天蝎座ε、μ、ξ、η、λ、θ、l、κ、μ星附近	17^h	−40°	314°	−1°	[40]	30	419	超新星

续表

号数	原文	资料来源	时间	星座	α	δ	l	b	L	山	何	附注
67*	高丽高宗七年十二月，有星孛于北斗	《高丽史》	1221 年 1 月	大熊座	11^h～14^m	50°～60°	—	—	—	—	424	—
68	（宋）嘉定十七年六月己丑，守犯尾宿	《宋史》	1224 年 7 月 11 日	天蝎座ε、μ、ξ、η、λ、θ、κ、l、ν星	—	—	—	—	—	31	427	—
69	（宋）绍定三年十一月丁酉，有星孛于天市垣屠肆星之下，明年二月壬午乃消	《宋史》《宋史新编》	1230 年 12 月 15 日～1231 年 3 月 20 日	武仙座 109 星之南	18^h20^m	+20°	16°	+13°	[41]	—	428	—
70	（宋）嘉熙四年七月庚寅，出尾宿	《宋史》《续文献通考》	1240 年 8 月 17 日	天蝎座ε、μ、ξ、η、λ、θ、l、κ、ν星	—	—	—	—	—	32	433	—
Ⅳ*	1245 年在摩羯座观测到新星，大如金星，色赤如火，两个月后消失	*Stadeneis*	1245 年	摩羯座	—	—	—	—	—	33	—	—
Ⅴ*	1264 年仙后座新星（近仙王座）	*Leouticus'*	1264 年	仙后座	—	—	—	—	[42]	34	—	—
71*	明洪武八年冬十月，有星孛于南斗	《广东通志》	1375 年 11 月 5 日～12 月 3 日	人马座μ、λ、ϕ、σ、τ、ξ星	—	—	—	—	—	—	—	—
72	（明洪武）二十一年二月丙寅，有星出东壁	《明史》《国榷》《明通鉴》	1388 年 3 月 29 日	飞马座γ星和仙女座 α 星之间	—	—	—	—	[43]	—	482	—

续表

号数	原文	资料来源	时间	星座	α	δ	l	b	L	山	何	附注
73*	（明）永乐十三年夏，有星孛于南斗	《明会要》	1415 年 9 月 3 日～10 月 2 日	人马座 μ、λ、ϕ、σ、τ、ξ 星附近	—	—	—	—	—	—	494	—
74	（明）宣德五年八月庚寅，有星见南河旁，如弹丸大，色青黑，凡二十六日灭	《明实录》《国榷》《明史》《续文献通考》	1430 年 9 月 3 日	小犬座 α、β、γ 星附近	7^h30^m	+5°	181°	+13°	[44]	53	500	—
75*	李世宗十九年二月乙丑，客星见尾第二、三星间，近第三星，隔半尺许，凡十四日	《李朝实录》	1437 年 3 月 11 日	天蝎座 μ、ξ 星间	16^h55^m	−40°	314°	0°	—	—	508	—
76*	（明景泰）三年三月甲午朔，有星孛于毕	《明史》《明会要》《续文献通考》	1452 年 3 月 21 日	金牛座 κ、ε、δ、γ、λ 等星	—	—	—	—	—	—	515	—
77*	（越）黎圣宗光顺元年春二月，有星孛于翼	《大越史记全书》（越南）	1460 年 2 月 22 日～3 月 22 日	巨爵座、长蛇座	—	—	—	—	—	—	—	—
78*	（明）嘉靖二年六月，有星孛于天市	《明史》	1523 年 7 月 13 日～8 月 10 日	武仙、蛇夫、巨蛇、天鹰、天箭诸座	15^h35^m～19^h	−15°～+30°	—	—	—	—	543	—

续表

号数	原文	资料来源	时间	星座	α	δ	l	b	L	山	何	附注
[79]	（明隆庆六年）十月初三日丙辰夜，客星见东北方，如弹丸。出阁道旁，壁宿度，渐微，芒有光。历十九日。壬申夜，其星赤黄色，大如盏，光芒四出，日未入时见。十二月甲戌礼部题奏……十月以来客星当日而见，光映异常。按是星万历元年二月光始渐微，至二年四月乃没	《明实录》	1572年11月8日至1574年4月21日～5月19日	仙后座10星附近	0^h10^m	+65°	90°	−2°	—	—	565	第谷新星《国榷》《明通鉴》《明史稿・神宗本纪》《增补文献备考》《中西经星同异考》中均有简略记载
	李宣祖五年十月客星现于策星之侧，大于金星	《李朝实录》《宣祖修正》	—	—	—	—	—	—	—	—	—	
	策星旁有客星，万历元年新出，先大今小	《明史・天文志》星表部分	—	—	—	—	—	—	—	—	—	—
80	（明万历）十二年六月己酉，有星出房	《国榷》《明史》《续文献通考》	1584年7月9日～11日	天蝎座β、δ、τ、ρ星	—	—	—	—	[48]	37	572	—

续表

号数	原文	资料来源	时间	星座	α	δ	l	b	L	山	何	附注
81*	李宣祖二十五年十月丙午至二十七年正月甲申，客星在天仓星东第三星内三寸许	《李朝实录》	1592年11月23日～1594年2月24日	鲸鱼座 θ 星南	1^h20^m	−10°	120°	−70°	—	39	577	—
82*	李宣祖二十五年十月癸丑，客星见于王良东第一、二星间，至二十六年二月辛亥不见	《李朝实录》	1592年11月30日～1593年3月28日	仙后座 β、κ 星间	0^h20^m	+62°	88°	0°	—	38	577	超新星　射电源
83*	李宣祖二十五年十一月丁巳，客星见于王良西第一星之内，至二十六年二日丁亥后不见	《李朝实录》	1592年12月4日～1593年3月4日	仙后座 β 星附近	0^h20^m	+58°	88°	−4°	—	—	577	—
VI*	1600年詹森（Jansen）发现天鹅P，发现后两年开普勒看见为三等星。1621年不见。1655年卡西尼（Cassini）又看见为三等星	*The Galactic Novae*	1600～1621年，1655年又见	天鹅座 P 星	20^h14^m	+38°	44°	0°	—	—	—	—
84*	李宣祖三十三年十一月己酉，客星见于尾，大于心火星，色黄赤，动摇	《增补文献备考》	1600年12月14日	天蝎座 ε、μ、ξ、η、θ、l、κ、ν、λ 等星	—	—	—	—	—	—	581	—

续表

号数	原文	资料来源	时间	星座	α	δ	l	b	L	山	何	附注
[85]	（明万历）三十二年九月乙丑，尾分有星如弹丸，色赤黄，见西南方，至十月而隐。十二月辛酉，转出东南方，仍尾分。明年二月渐暗，八月丁卯始灭	《明史》《续文献通考》	1604年10月10日～1605年10月7日	—	—	—	—	—	[49]	—	—	开普勒超新星此星《李朝实录》中逐日有详细观测记录
	李宣祖三十七年九月戊辰，客星在尾，其形大于太白，色黄赤，动摇，至于十月庚戌，体渐小。三十八年乙巳正月丙子，客星见于天江上，大于心火星，色黄赤，动摇，至三月己丑日，其形微	《增补文献备考》	1604年10月13日～1605年5月2日	蛇夫座44、θ、36等星之北	17^h30^m	−21°	334°	+5°	—	—	—	—
86*	李仁祖二十三年二月，大星入舆鬼	《增补文献备考》	1645年2月26日～3月27日	巨蟹座θ、η、γ、δ星间	8^h40^m	+20°	174°	+35°	—	—	—	—

续表

号数	原文	资料来源	时间	星座	α	δ	l	b	L	山	何	附注
87*	李显宗二年辛丑（闰）十月戊辰，客星见于女宿，大如镇星，十一月丁亥乃灭	《增补文献备考》	1661年12月13日～1662年1月1日	宝瓶座3、5、μ、ε星附近	—	—	—	—	—	—	—	—
88*	李显宗五年甲辰九月，客星见于天江上，大如岁星，色黄赤，反见于东，至翌年五月乃灭	《增补文献备考》	1664年10月19日～11月17日～1665年6月13日～7月12日	蛇夫座44、θ、36等星之北	17^h30^m	−21°	334°	+5°	—	—	—	—
Ⅶ*	狐狸座11号星=Ck Vul，1669年Anthelme发现时为三等星，其后渐暗，一度不见。1671年4～5月又为三等星，1672年六等	*The Galactic Novae*	1669年12月20日	狐狸座	19^h44^m	+27°	31°	0°	—	—	—	—
89	（清康熙）十五年正月戊子，异星见于天苑东北，色白	《清史稿》	1676年2月18日	波江座γ、π、δ、ε、ξ等星东北	4^h	−10°	169°	−40°	—	—	—	—
90	（清康熙）二十九年八月乙酉，异星见箕，色黄，凡二夜	《清史稿》	1690年9月29日	人马座ε星之东	18^h30^m	−34°	327°	−14°	—	—	—	—

续表

号数	原文	资料来源	时间	星座	α	δ	l	b	L	山	何	附注
90	（清康熙）二十九年八月二十七日乙酉戌时，观见南方箕宿第三星东出异星一个，黄色无芒尾，用仪测得在丑尾经度三度十八分，纬南三十四度二十分。于二十八日看得是客星，仍在箕宿第三星东，黄色，无芒尾。用仪测得未曾行动	据中央档案馆所藏清钦天监题本	—	—	—	—	—	—	—	—	—	—

注：表中第一列中阿拉伯数字加方括号者，表示西方也有记录；加*号者表示《古新星新表》中无。第十列“L”表示伦德马克表中的号数；第十一列“山”表示山本一清表中的号数；第十二列“何”表示何丙郁文中的号数；第三列凡朝鲜、日本资料初次引用时在书名后加注“朝”或“日”。

〔《天文学报》，1965 年第 13 卷第 1 期，作者：席泽宗、薄树人〕

伽利略前2000年甘德对木卫的发现

在我国秦朝以前的文献中，木星是记载得最多的一颗行星，当时叫作“岁星”。战国时期成书的《左传》和《国语》里有许多利用岁星的位置来记载某一事件发生年代的故事。那时有两位著名的天文学家，一位是石申，一位是甘德。甘德著有《星经》和《天文星占》两书，可惜都早已失传，现在只是在唐代瞿昙悉达编的《开元占经》(成书于718～726年）中保存了一部分内容。最近我们在《开元占经》卷23《岁星占》中发现了一段非常重要的内容：

> 甘氏曰：单阏之岁，摄提格在卯，岁星在子，与婺女、虚、危，晨出夕入，其状甚大，有光，若有小赤星附于其侧，是谓同盟。

“同盟”为春秋战国时期常用的一个词语（而为秦汉所不用)，单《左传》一书中就有19处，意为两国或数国为共同目的而永久结合。《公羊传·庄公十六年》:“同盟者何？同欲也。”据《春秋属辞比事记》解释：

"同盟者众共为之，虽一国为政，而众所共成。"在这里意即木星和小星组成了一个系统，而小星从属（"附"）于木星。古时所谓赤色是指浅红色，唐代孔颖达在解释《礼记·月令》"驾赤骝"一句时说："色浅曰赤，色深曰朱。"这也和我们现在所知的木星四颗主要卫星的颜色相一致：木卫一和木卫三呈黄色，木卫二和木卫四呈红黄色。这段话清楚地说明甘德对木卫已有所发现，可是至今没有被人注意到。

在欧洲，关于木星的四颗主要卫星是不是伽利略首先发现的，曾有过争论，经过 H. Schreibmüller（1916）和 Zinner（1942）的详细考证[1]，终于得出麦依耳（Simon Mayer 或 Marius，1573—1624）比伽利略早发现 10 天。伽利略是在 1610 年 1 月 7 日晚上先看到三颗卫星，然后再在 1 月 13 日晚上看到第四颗的。可是伽利略给木卫所起的名字"美的斯星"根本没有人用，现在所用的木卫一（伊奥）、木卫二（欧罗巴）、木卫三（盖尼米得）和木卫四（卡里斯托）这个次序和名字都是麦依耳给安排和起的，所以许多新近的出版物中，都已把麦依耳和伽利略并列为四颗主要木卫的发现者，美国出版的 14 卷本《科学家传记辞典》中也已给麦依耳单独列传。

麦依耳和伽利略都是用望远镜发现木卫的。要证明甘德发现木卫，首先得考虑不用望远镜能不能看见它。根据艾伦的《物理量和天体物理量》[2]，木卫一至四在冲时的平均视星等和与行星的角距离是

木卫一：$+4.^m9$，$2'18''$　　木卫二：$+5.^m3$，$3'40''$

木卫三：$+4.^m6$，$5'51''$　　木卫四：$+5.^m6$，$10'18''$

肉眼能看到的极限星等为 6^m，分辨本领为 $60''$，即 $1'$。在正常情况下，看这四颗卫星并不困难，问题在于木星太亮（从 $-1.^m4$ 到 $-2.^m5$）了，耀眼的光辉把这些卫星淹没了。但也不是绝对看不到，特别是在两颗以上的卫星运行到同一侧时，彼此叠加的光亮更使得有察觉的可能。杰出的德国地理学家洪堡（1769—1859）曾经记载过，他认识一位裁缝，名叫舍恩（Schön），是布雷斯劳城（今波兰弗罗茨瓦夫）的人，在无月的晴朗夜晚，能够相当精确地指出四颗主要木卫的位置，这位裁缝年老以后

就再不能把木卫分辨出来了[3]。我们委托北京天文馆的同志在天象厅进行模拟观测，取木星为−2.^{m}0，卫星为 5.^{m}5，将光度用面积比表示，所得结果是卫星离木星 5′时，目力好的人开始可以看见。根据这一实验，我们断定甘德所见者为木卫三或四，而以木卫三的可能性最大，因它最亮也最大。现在，我们再进一步讨论甘德发现的年代。这个问题比较容易解决，因为《开元占经》中这段引文的前后，把一个恒星周期（当时认为是 12 年，实际上是 11.86 年）内木星每年的位置都给出来了，是一段关于岁星纪年的系统材料，而它又和《淮南子·天文训》《史记·天官书》《汉书·天文志》中的有关材料基本相同（后三书中引文很简单，都没有关于木卫的这段话），所以历来为研究天文学史和年代学的人所注意。1978 年陈久金得出这套“纪年资料与岁星实际位置相符的时期是在公元前 400 年到公元前 360 年之间”[4]，而日人新城新藏早年的研究则得出，《左传》《国语》中的岁星纪事和《吕氏春秋》中的“维秦八年，岁在涒滩”属于一个系统，都是以公元前 365 年为实测历元而于其前后按推算所得[5]。

今由杜克曼的《公元前 601 年到公元元年的行星、月亮和太阳位置表》[6]，查得公元前 366 年 12 月，即周显王四年（前 365 年）正月（当时以含有冬至的月份为正月，所以周历正月约相当于儒略历的前一年 12 月）冬至（即太阳黄经 $l_{\odot}=270°$）时（12 月 26 日），木星的黄经 $l=255°$，$l_{\odot}-l=15°$，恰恰是木星与太阳相合之后，开始晨出东方。至于木星这时处在星空的什么区域，我们也可以求出。当时甘氏用的是二十八宿，作者在讨论马王堆汉墓帛书中行星的位置时[7]，曾仔细地计算过公元前 210 年二十八宿距星的黄经，今按黄经岁差每 71 年差$1°$计，各加$2°$即得公元前 352 年各宿距星的黄经，本文所要用的几宿是：

斗（ϕ Sgr）247°　　牛（β Cap）271°

女（ε Aqr）278°　　虚（β Aqr）289°

危（α Aqr）297°　　室（α Peg）314°

壁（γ Peg）332°

从这些数据可以看出，当时的冬至点在斗宿之末，牛前 1°，而木星晨出东方时，也位于斗宿。这和《开元占经》引甘氏的话“摄提格在寅，岁星在丑，以正月与建、斗、牵牛、婺女晨出东方”是完全符合的。甘德接着说：“为日十二月，夕入于西方。”由杜克曼表得公元前 364 年 1 月 8 日，$l_{\odot}=l=284°$，二者相合；公元前 365 年 12 月 19 日，$l_{\odot}=264°$，$l=280°$，$l-l_{\odot}=16°$，木星于黄昏在女宿开始看不见了，可见甘氏的话也是对的。

接着就是前面引文中“单阏之岁”了。这年（前 364 年）是儒略历 1 月 28 日，$l_{\odot}-l=305°-289°=16°$，木星开始晨出东方，位于虚宿初度，与甘氏所说是一致的。又，这年儒略历 8 月 1 日，$l=303°$，$l_{\odot}=123°$，$l-l_{\odot}=180°$，木星冲日，又逢盛夏，甘德对木卫的发现，可能就在这个夏天。

如果不取公元前 366 年冬至（即前 365 年正月）作为一个周期的起点，而前后各外推两个周期来看看：

（1）公元前 378 年 12 月 26 日冬至，$l_{\odot}-l=270°-252°=18°$，木星在斗宿，冬至前三天已开始晨出东方。

（2）公元前 390 年 12 月 26 日冬至，$l_{\odot}-l=270°-248°=22°$，木星在斗宿，冬至前七天已开始晨出东方。

（3）公元前 354 年 12 月 25 日冬至，$l_{\odot}-l=270°-259°=11°<15°$，木星看不见。

（4）公元前 342 年 12 月 25 日冬至，$l_{\odot}-l=270°-262°=8°<15°$，木星更看不见。

由此可见公元前 365 年正月（即儒略历公元前 366 年 12 月）开始的这个周期与实际天象符合得最好，也是能够符合的最后一个周期。在这个周期中的第二年（“单阏之岁”）的夏天，甘德发现了木星有卫星，这是公元前 364 年的事，几乎比伽利略和麦依耳早了 2000 年。甘德虽然没有留下系统的记录，但在 2300 多年前能有这一发现，就足够我们称道的了。

参考文献

[1] Schreibmüller H. 和 Zinner 的文章都登在德国天文学会季刊（*Vierteljahrsschrift der Astronomischen Gesellschaft*）.

[2] Allen C. W. Astrophysical Quantities. 3rd ed.（1973）. 物理量和天体物理量，杨建译. 上海：上海人民出版社，1976. 186.

[3] Werner Sandner. Satellites of the Solar System. translated by A. Helm. London：1965.

[4] 陈久金. 从马王堆帛书《五星占》的出土试探我国古代的岁星纪年问题. 中国天文学史文集. 科学出版社，1978. 62.

[5] 新城新藏. 东洋天文学史研究（沈璿译）. 中华学艺社，1933. 418，439.

[6] Bryant Tuckerman. Planetary，Lunar，and Solar Positions 601 B. C. to A. D. 1. Memoires. The American Philosophical Society，1962. 56.

[7] 席泽宗. 中国天文学史的一个重要发现——马王堆汉墓帛书中的《五星占》. 中国天文学史文集. 科学出版社，1978. 22.

〔《天体物理学报》，1981 年第 1 卷第 2 期；英译见
英国 *Chinese Astronomy and Astrophysics*，1981，Vol. 5，No. 2；
美国 *Chinese Physics*，1982，Vol. 2，No. 3〕

The Application of Historic Astronomical Records to Astrophysical Problems

Ⅰ. Stellar Evolution

V. F. Weisskopf, a former president of the American Council of Atomic Energy, has said that in the history of mankind there are two 4ths of July which should be recorded in the annals. One is in 1776 when the United States of America was founded, another is in 1054 when Chinese and Japanese astronomers recorded the supernova explosion in Taurus.[1] In 1921 the Swedish astronomer K. Lundmark first noted that the position of a supernova recorded in 1054 was very close to that of the Crab Nebula, and suspected that the two were related. [2] Soon after that, calculations for the expansion speed of the Crab Nebula by E. Hubble showed that the explosion which had taken place 900 years before，was consistent with the year of the recording of the supernova explosion in 1054. [3] In 1942，J. H. Oort and J. J. Duyvendark confirmed that the Crab Nebula was a remnant of the explosion in 1054 and that the explosion was that of a supernova rather than of a nova. [4-6]

The identification of the 1054 supernova with the Crab Nebula is an important piece of evidence for the value of historical records to astrophysics and the Crab Nebula is considered as the Rosetta stone of astrophysics. Most of what we know about the origin of cosmic rays，synchrotron radiation and heavy elements derives from our knowledge of the Crab Nebula，and much of what we can deduce from observations of the Crab Nebula is aided by the records of the supernova explosion in 1054. In addition to this，historical records of galactic supernovae can give information on the frequency of such outbursts and on the development of their remnants. For example，from Sedov's equation[7]，

$$D=4.3\times10^{-11}(E_0/n)^{1/5}t^{2/5} \qquad (1)$$

where D(pc) is the diameter of the shock wave preceding the expanding shell of swept-up interstellar material，t(a) is the time elapsed since the explosion，E_0(erg) is the energy released in the outburst，and n(cm^3) is the number density of hydrogen atoms in the interstellar medium. If D is known from observation and t from historical records，we can obtain E_0/n. In 1976 Clark and Caswell concluded that the best estimate was $E_0/n\approx5\times10^{51}$ erg/cm^3 [8].

Most early recorded observations of supernovae were made in China，Japan and Korea. In ancient and medieval Europe and the Arab lands there seems to have been little interest in such phenomena. In *The Historical Supernovae* written by D. H. Clark and F. R. Stephenson in 1977，seven supernovae are listed (Table 1).

Table 1 Supernovae in Recorded History

Number	Year	Constellation	Magnitude	Duration	Records
1	185	Centaurus	−8	20 months	Chinese
2	393	Scorpius	−1	8 months	Chinese
3	1006	Lupus	−9. 5	Several years	Arabian，Chinese，Japanese，European
4	1054	Taurus	−5	22 months	Chinese，Japanese
5	1181	Cassiopeia	0	6 months	Chinese，Japanese
6	1572	Cassiopeia	−4	18 months	Chinese，Korean，European
7	1604	Ophiuchus	−2. 5	12 months	Chinese，Korean，European

Among them the supernova of 1006 is the only one known to have been recorded in both European and Arabian literature before the Renaissance. It was also carefully observed by astronomers in China and Japan. It was the most brilliant supernova ever recorded and was observed for several years. There are various opinions about which object represents its remnants：NGC 5882[9]，PKS 1459-42[10]，G 327. 6+14. 5[11] or PKS 1527-42[12]. Startlingly，re-explosion of the supernova probably took place on May 16，1016 according to Chinese records.[13]

In 1955 the author compiled a new catalogue of ancient novae[14] and in 1965 with his colleague Bo Shuren 薄树人 revised and republished it as an appendix to "Zhong Chao Ri Sanguo Gudai de Xinxing Jilu ji qi zai Shedian Tianwenxue Zhong de Yiyi"《中、朝、日三国古代的新星记录及其在射电天文学中的意义》(*Nova and Supernova Records of Chinese，Japanese and Korean Annals and Their Significance in Radio Astronomy*）.[15] These catalogues have aroused much interest outside of China and have been translated into English and Russian. The availability of these catalogues has made possible an increase in the use of Chinese records for astrophysical research as evidenced by the fact that in the past twenty years more than

1,000 articles have cited them. In 1980 G. G. C. Palumbo，G. K. Miley and P. Schiavo Campo selected seven objects from the latter catalogue，and observed the field 1.5°×1.5° around each object with the Westerbork radio telescope in Holland in an attempt to discover non-thermal radio sources. In spite of no diffusion radio emission being detected，they suggested that the investigation be continued.[16]

Based on one entry of the event occurred on September 10，1408 that he found in Xi's catalogue（1955）[14] and eight additional references to this event found by Zhuang Weifeng 庄威凤 et al. in the *Difang Zhi*《地方志》（*Local Chronicles*） and the *Ming Shilu*《明实录》(*Veritable Records of the Ming Dynasty*)，Li Qibin 李启斌 concluded in 1978 that the event was a supernova explosion which gave rise to the progenitor of Cyg X-1，a prime black hole candidate.[17] In addition to the Chinese sightings，K. Imaeda and T. Kiang 江涛 pointed out that the "guest star" was also seen in Japan. The first Japanese account is dated back to July 14，1408，which precedes the first Chinese record by 58 days. Combining the Chinese and Japanese dates，we can conclude that the event of 1408 was visible for at least 102 days. The long duration indicates that the event was a supernova.[18] However，the position deduced for the supernova of 1408 places it near two astronomical curiosities，Cyg X-1 and CTB-80. There is some confusion over the interpretation of the original Chinese as to whether the location should be to the southeast of or in the southeast of Niandao 辇道（17 Cyg）. The latter interpretation would favor Cyg X-1 and the former，CTB-80.[19] In 1984 Wang Zhenru 汪珍如 and F. D. Seward re-analyzed both the low and high resolution images of CTB-80 from the Einstein satellite. The result supports the view that CTB-80 is the remnant of the supernova explosion in 1408.[20] Including CTB-80，Wang et al. have identified eight supernova remnants with ancient guest stars[21, 22] (Table 2).

Table 2　Eight Pairs of Identification Between AGS and SNR

Number	Year	SNR	Records	Number in Xi and Bo's Catalogue
1	532B.C.	G74.9+1.2(CTB-87)	Chinese	2
2	134B.C.	G322.4−0.4(RCW 103)	Chinese，Greek	4
3	48B.C.	G21.5−0.9	Chinese	7
4	125A.D.	G31.9+0.0(3C391)	Chinese	13
5	421A.D.	G299.0+1.8(MSH11-54)	Chinese	30
6	437A.D.	2CG195+4(Geminga)	Chinese	32
7	1408A.D.	G68.2+2.6(CTB-80)	Chinese，Japanese	78 (Xi's catalogue)
8	1523A.D.	G29.7−0.3(Kes75)	Chinese	78

Cassiopeia A，the strongest radio source in the sky，was considered to be a supernova remnant as early as the 1950s，before any record of it had been found.[23] In 1968 the Korean scholar Chu Sun-II suggested that it was a remnant of the supernova recorded as being observable to the west of the first star of Wang Liang 王良（located on the west side of β Cas）from December 6，1592 to March 5，1593 in the Korean books the *Lee-Jo Si-Lok*《李朝实录》（*Chronicles of the Lee Dynasty*）and the *Chung-Bo Mun-Hun Bi-Go*《增补文献备考》（*Supplemental Examination of Literature*）for their positions seem to be very close.[24] But S. F. Gull pointed out that the preferred age of the remnant is much less than this.[25] Based on the study of the proper motion of the filamentary structure in this optical remnant，Sidney van den Bergh and W. W. Dodd placed its occurrence in the year 1667±8. [26] In 1980 a new discovery made by W. B. Ashworth revealed that the first British astronomer royal，John Flamsteed，had recorded the event after all，fixing the actual year of the supernova explosion as 1680.[27] K. Brecher and I. Wasserman immediately wrote a paper on the finding by combining the actual date of the event with the extrapolated date to determine the mass ejected from the supernova，which turned out to be ten times greater than that of the Sun.[28] However，R. P. Broughton and K. W. Kamper denied Ashworth's discovery quickly and respectively.[29, 30] So up to now the identification of Cas A with a supernova remnant has not yet been solved.

Chinese annals record not only the sudden changes in the process of stellar evolution such as supernova explosions，but also the gradual changes. In the astronomical chapter of the *Shiji*《史记》(*Historical Records*) by Sima Qian 司马迁 about the 1st century B. C.，it is said "Yellow is like Betelgeuse（α Ori）"，but Ptolemy included it in the list of red stars in his *Almagest* which was written about 150 A. D. normal stellar evolution，even of a supergiant，from yellow to red in 250 years seems unlikely. However，a shell of gas and dust of about a 30″ radius（about 5,000 AU at the 190 pc distance to the star） appears to be moving away from α Ori with a present speed of about 10 km/s. K. Brecher has explored the possibility that thc ejection of the shell occurred about 2,700 years ago，temporarily giving rise to a smaller，hotter and whiter photosphere which then readjusted to nearly its original equilibrium state between the times of the writing of the *Shiji* and the *Almagest*.[31, 32]

Ⅱ. Solar Activity

Another use for ancient astronomical records in astrophysics in recent years is in discussing the periodicity of solar activity. In 1976 J. A. Eddy again strengthened the plausibility of the Maunder Minimum[33]，in which the sunspot cycle essentially vanished between 1645 and 1715，by a re-analysis of contemporary literature detailing sunspot counts，auroral records，and observations of the Sun at eclipse，plus indirect evidence from ^{14}C in tree rings. Eddy even claimed that there was insufficient evidence to establish whether the 11-year cycle existed before the onset of the Maunder Minimum and after the introduction of the telescope.[34] Eddy's claim caused a sensation. If it were true, solar physics would need rewriting. The only way to solve this problem is to study the historical sunspot records of China, Japan and Korea, because the Orient was free from the stranglehold of the Aristotelian doctrine of celestial perfection, and sunspots were recorded from very early times.

To accept Eddy's challenge, the Yunnan Astronomical Observatory sorted out more than 100 records of sunspots from Chinese annals and through self-correlation analysis showed that the 11-year cycle has existed for the past 2,000 years.[35, 36] At the same time, using Chinese historical sunspot records as well as auroral records from 165 B. C. to 1884 A. D., Zou Yixin 邹仪新 found that the weighted mean cycle of solar activity over the past 2,000 years was 10. 42±0.19 years and that it was 10. 54±0.62 years within the Maunder Minimum. The two cycles coincided.[37]

In 1979 Xu Zhentao 徐振韬 and his wife Jiang Yaotiao 蒋窈窕 published a paper entitled "Cong Zhongguo Difangzhi Zhong Taiyang Heizi Jilu Kan Shiqi Shiji de Taiyang Huodong"《从中国地方志中太阳黑子记录看 17 世纪的太阳活动》(*The Solar Activity of the 17th Century Based on Sunspot Records in the Local Chronicles of China*) in which they listed 21 new naked-eye sunspot records in the 17th century and six of them were within the Maunder Minimum. The study of Xu and Jiang showed that the 11-year cycle still existed within the Maunder Minimum.[38]

It is necessary to point out that in the paper "Sunspot Records in China, Korea and Japan" by S. Kanda (1932) there is not one sunspot from 1639 to 1720. [39] Kanda's paper is one of Eddy's bases. Now Xu and Jiang have restored six occurrences of sunspots to the Maunder Minimum, and consequently cause the original basis of Eddy's idea to lose some of its validity. Therefore，their paper attracted much interest. But J. A. Eddy considered that when weighted against more than 600 sunspots reported telescopically between 1645 and 1715，these six new spots，if real，add little that is new. In this sense these new data support rather than refute his opinion，and provide stronger evidence for secular solar variability.[40]

In 1980 Dai Nianzu 戴念祖 and Chen Meidong 陈美东 published “Lishi Shang de Beijiguang yu Taiyang Huodong”《历史上的北极光与太阳活动》（*The Aurora Borealis and Solar Activity in History*）as well as “Zhong Chao Ri Lishi Shang cong Chuanshuo Shidai dao Gongyuan 1747 Nian de Beijiguang Nianbiao”《中、朝、日历史上从传说时代到公元 1747 年的北极光年表》（*A Chronological Table of the Aurora Borealis in Chinese，Korean and Japanese History from the Legendary Period to 1747*）.[41] Using 929 items of aurorae in an all-around way they negated the second basis of Eddy’s idea. They considered that from 217 B. C. to 1749 A. D. there were 180 peak years of solar activity，and that the mean cycle was equal to 11 years. The auroral records also indicated that there were several minima of solar activity in history，and that the Maunder Minimum was one of them，but in these minimum periods the mean cycle was also 11 years. This is consistent with the result of Xu and Jiang.

Tree-ring widths have failed to show convincing evidence of past solar cyclic activity，because local，rather than global effects dominate their patterns.[42] As to ^{14}C，it is also impossible to detect the 11-year cycle due to the appreciable delay（10-50 years）between variations in ^{14}C production and resultant changes in the biospheric abundance，although Eddy has used ^{14}C history to recognize six major excursions in solar behavior in the past 2,000 years with possibly a total of 12 in the past 5,000 years.[43] Thus，to study solar cycles using natural “unwritten” records is unsatisfactory，and the solar cycle as well as its origin still remain an unsolved problem in astrophysics.

Ⅲ. The Gravitational Constant G

The relationship between Ephemeris Time (ET) and Universal Time (UT) is

$$ET=UT+\Delta T \tag{2}$$

where ΔT is determined by observation. If the steady increase in the length of the day is one millisecond (ms) per century，the mean length of the day over the past 20 centuries is 10 ms shorter than that of the present day，and the sum of ΔT is

$$10\times10^{-3}\times365.25\times100\times20=7305^{s}=2^{h}01^{m}45^{s}.$$

Thus，the difference between the recorded time (UT) of observation of solar eclipses in the first century and the calculated time (ET) according to gravitational theory might be as much as two hours. The earlier a solar eclipse took place，the greater would be the difference in time. Moreover，the difference in time may also be reflected by the difference between the observed place and the calculated path of the eclipse. For example，in the seventh year of Lü Hou 吕后（The Queen of Liu Bang 刘邦）Chinese astronomers reported a total eclipse of the Sun at Chang'an 长安 on a date corresponding to March 4，181 B. C. The calculation of the path of this totality by Stephenson and Clark on the assumption of no de-acceleration of the Earth's spin shows that the track comes out well to the west of Chang'an. A rotation of the Earth of 75 degrees would be necessary to make the eclipse total at Chang'an. The inference is that in the intervening time between 181 B. C. and the present day，the Earth has lost five hours relative to an ideal clock，i.e.，the increase rate of the day length is more than 2 ms/century^2. [44]

The application of historical records of solar eclipses to studying the de-acceleration of the Earth's rotation can get precisely the same result as current observations do，if the exact date and place of the observation，as well as the magnitude of the eclipse，is described in these records—the greater the magnitude，the better. It would be best if we could obtain historical records of the occurrence of total solar eclipses. In 1980 Wu Shouxian 吴守贤 checked Chinese eclipse records used by four Western astronomers（D. R. Curott，1966；R. R. Newton，1970；P. M. Mullar and F. R. Stephenson，1975）. He found out that，apart from repetition of each other，the total number of records they used is 30，one-third of which are incorrect.[45] Consequently，their results should be questionable.

Another new time system，Atomic Time (AT)，was proposed in 1967，for the intrinsic accuracy of Ephemeris Time is not easy to achieve. It utilizes the natural resonance frequency of ^{133}Cs to make extremely precise measurements of time intervals，and is not related to gravitational force. If the universal constant of gravitation，G，varies with time as Paul Dirac predicted，there would be a difference between the results of historical solar eclipses reckoned by Ephemeris Time and by Atomic Time.

In 1975 T. C. van Flandern made an interesting observational test based on modern and historical dates. His analysis of lunar occultations over the period 1955 to 1974 gave a result for G：

$$\frac{1}{G}\left|\frac{\mathrm{d}G}{\mathrm{d}t}\right| = \dot{G}/G = (-8\pm 5)\times 10^{-11}\ /\ \text{year}, \tag{3}$$

i. e.，G is on the decrease.[46] But this problem has recently been analyzed again using lunar laser ranging measurements and eclipses data from ancient China. The close agreement between both results is evidence in favor of the constancy of G.[47] However，definite evidence against (or for) the non-constancy of G must await a further study.

In addition to the topics discussed above，there are many others in astrophysics where the historical records may have applications，such as in cometary investigations，planetary orbital perturbation studies，solar-terrestrial relationship research. We believe that combining current technology with information recovered from the records of our ancestors will certainly benefit the study of astrophysics and increase our understanding of the universe. We have collected and arranged all historical records of celestial phenomena in China，and are now preparing to publish them.

References

[1] A talk with Wu Youxun 吴有训 in 1972 at Beijing 北京.

[2] K. Lundmark. *Publication of Astronomical Society of the Pacific*. 1921（33）: 225.

[3] E. Hubble. *Ast. Soc. Pacific Leaflet*. 1928（14）.

[4] J. J. Duyvendark and J. H. Oort. *T'oung Pao* 通报（*T'oung Pao Archives*）. 1972（36）: 174.

[5] J. J. Duyvendark. *Publication of Astronomical Society of the Pacific*. 1942（54）: 91.

[6] N. U. Mayall and J. H. Oort. ibid. 1942（54）: 95.

[7] L. I. Sedov. *Similarity and Dimensional Methods in Mechanics*. Academic Press，New York，1959.

[8] D. H. Clark and J. L. Caswell. *Monthly Notices of Royal Astronomical Society*. 1976（174）: 267.

[9] B. R. Goldstein and Ho Peng-Yoke 何丙郁. *Astronomical Journal*. 1965（70）: 748.

[10] F. F. Gardner and D. K. Milime. *Astronomical Journal*. 1965（70）: 754.

[11] F. R. Stephenson et al. *Monthly Notices of Royal Astronomical Society*. 1977（180）: 567.

[12] Bo Shuren 薄树人 and Wang Jianmin 王健民. *Kejishi Wenji* 科技史文集（*Collected Essays on Science and Technology*）. 1978（1）: 79，a special issue on astronomy.

[13] Wang Jianmin 王健民. *Beijing Tianwentai Taikan* 北京天文台台刊（*Publication of Beijing Astronomical Observatory*）. 1979（1）: 69.

[14] Xi Zezong 席泽宗. *Tianwen Xuebao* 天文学报（*Acta Astronomica Sinica*）. 1955（3）: 183.

[15] Xi Zezong 席泽宗 and Bo Shuren 薄树人. *Tianwen Xuebao* 天文学报（*Acta*

Astronomica Sinica）. 1965（13）：1.

[16] G. G. C. Palumbo et al. *Tianwen Xuebao* 天文学报（*Acta Astronomica Sinica*）. 1980（21）：334.

[17] Li Qibin 李启斌. *Tianwen Xuebao* 天文学报（*Acta Astronomica Sinica*）. 1978（19）：210.

[18] K. Imaeda and T. Kiang 江涛. *Journal for the History of Astronomy.* 1980（11）：77.

[19] P. E. Angerhofer. *Archaeoastronomy*. 1981（4）：22.

[20] Wang Zhenru 汪珍如 and F. D. Seward. *Astrophysical Journal*. 1984(285)：607.

[21] Wang Zhenru 汪珍如 et al. *Highlights of Astronomy*. 7（to be published）. Presented at the Supernova Joint Discussion and Working Group Session in the IAU General Assembly，New Delhi，1985.

[22] Wang Zhenru 汪珍如. Invited Talks at IAU Symposium no. 125，"Origin and Evolution of Neutron Stars". Nanjing 南京，1986. 305-318.

[23] W. Baade and R. Minkowski. *Astrophysical Journal*. 1954（119）：206.

[24] Sun-Ⅱ Chu. *Journal of the Korean Astronomical Society*. 1968（1）：29.

[25] S. F. Gull. *Monthly Notices of Royal Astronomical Society.* 1973（161）：47.

[26] S. van den Bergh and W. W. Dodd. *Astrophysical Journal.* 1970（162）：485.

[27] W. B. Ashworth. *Journal for the History of Astronomy.* 11，Part 1，1980.

[28] K. Brecher and I. Wasserman. *Astrophysical Journal.* 1980（240）：105.

[29] R. P. Broughton. *Journal of Royal Astronomical Society of Canada*. 1980（173）：381.

[30] K. W. Kamper. *Observatory*. 1980（100）：3.

[31] Bo Shuren 薄树人 and Wang Jianmin 王健民. *Kejishi Wenji* 科技史文集（*Collected Essays on Science and Technology*）. 1978（1）：75，a special issue on astronomy.

[32] K. Brecher. *Bulletin of American Astronomical Society*. 1980.

[33] W. Maunder. *Monthly Notices of Royal Astronomical Society*. 1890（50）：251.

[34] J. A. Eddy. *Science*. 1976（192）：1189；*Proceedings of the Inter. Sym. on Salar-Terr. Phys*. 1976（11）：958；*Sky and Telescope*. 1976（52）：394.

[35] Ding Youji 丁有济 and Zhang Zhuwen 张筑文. *Kexue Tongbao* 科学通报（*Science Bulletin*）. 1978（23）：107.

[36] Luo Baorong 罗葆荣 and Li Weibao 李维葆. *Kexue Tongbao* 科学通报（*Science Bulletin*）. 1978（23）：262.

[37] Zou Yixin 邹仪新. *Beijing Tianwentai Taikan* 北京天文台台刊（*Publications of Beijing Astronomical Observatory*）. 1978（12）：87.

[38] Xu Zhentao 徐振韬 and Jiang Yaotiao 蒋窈窕. *Nanjing Daxue Xuebao* 南京大学

学报（*Journal of Nanjing University*）. 1979（2）：31.

[39] Kanda Shigeru 神田茂. *Tokyo Temmondai Ho* 东京天文台报（*Publications of Tokyo Astronomical Observatory*）. 1932（1）.

[40] J. A. Eddy. *Archaeoastronomy.* 1982（4）：9.

[41] Dai Nianzu 戴念祖 and Chen Meidong 陈美东. *Kejishi Wenji* 科技史文集（*Collected Essays on Science and Technology*）. 1980（2）：69.

[42] La Marche and H. C. Fritts. *Tree Bulletin.* 1972（32）：21.

[43] J. A. Eddy. *The Solar Output and Its Variation*（Colorado Associated University Press，Boulder，1977）.

[44] F. R. Stephenson and D. H. Clark. *Quarterly Journal of Royal Astronomical Society*. 1977（18）：340.

[45] Wu Shouxian 吴守贤. *Shaanxi Tianwentai Taikan* 陕西天文台台刊（*Publications of Shaanxi Astronomical Observatory*）. 1980（2）：23.

[46] T. C. van Flandern. *Monthly Notices of Royal Astronomical Society*. 1975（170）：333.

[47] F. R. Stephenson. *New Scientist*. 1979（81）：560.

〔*High Energy Astrophysics and Cosmology*（Proceedings of Academia Sinica—Max-Planck Society Workshop on High Energy Astrophysics），Beijing：Science Press，1983〕

远东古代的天文记录在现代天文学中的应用*

提要

本文分四部分综述远东中、朝、日三国古代的天文记录在现代天文学中的应用。一是探讨超新星的爆发和射电源、中子星、黑洞的关系。二是用黑子、极光等记录，讨论太阳活动周期，肯定除了11年周期外，还有更长的周期，所谓孟德尔极小期，只是长周期中的一种现象。在孟德尔极小期内，11年周期也还存在。三是将日食记录和理论计算结果对比，肯定了地球自转的减速现象和引力常数 G 的稳定性。四是利用哈雷彗星过近日点记录与计算结果之差，讨论太阳系内是否存在第十大行星和非引力效应。

* 本文曾于1981年5月16日在日本东方学者国际会议和6月26日在东京天文台报告过。

一

曾经担任过美国原子能委员会主席和欧洲物理学会主席的著名科学家魏斯科普夫（V. F. Weisskopf）说："在人类历史上，有两个7月4日，要永远记入史册。一个是1776年7月4日美利坚合众国的成立，一个是1054年7月4日中日两国天文学家记录了金牛座超新星的爆发。"[①] 1054年7月4日相当于中国宋仁宗至和元年五月己丑。马端临编的《文献通考》里有："宋仁宗至和元年五月己丑，客星出天关（金牛座ζ星）东南，可数寸，岁余消没。"1846年法国毕奥（E. Biot）把这段材料译成法文[②]以后，即开始为欧洲天文学家所注意。1921年瑞典伦德马克发表《疑似新星表》，把它列为第36项，并且指出它在蟹状星云附近[③]。

顾名思义，星云是朦胧状的雾斑。1731年英国天文爱好者比维斯用小型望远镜首先在金牛座里发现了这块雾斑。1844年英国罗斯（W. P. Rosse）用他自制的大型反射望远镜观察到这个星云的纤维结构。他根据目视观察的印象，把它描绘成蟹钳状，因而命名为蟹状星云。1921年美国邓肯（J. Duncan）对比两批相隔12年的照片，确认该星云仍在膨胀[④]。1928年美国哈勃（E. Hubble）从膨胀的速度算出，膨胀应开始于900年以前，这在时间上又与中国宋代的记载一致。[⑤]1934年日本天文爱好者射场保昭将藤原定家（1162～1241）的日记《明月记》中有关1054年天关客星的记载在美国杂志《大众天文》（*Popular Astronomy*）上发表以后，引起了欧美第一线天文学家们的密切注意。1938年伦德马克据《明月记》中客星"大如岁星"的记载，推断这颗客星很可能是超新星[⑥]。1942年荷兰天文学家奥尔特联合该国汉学家戴闻达共同研究，既证实了

① 1972年与中国科学院副院长吴有训的一次谈话。

② E. Biot，Connaissance des Temps pour I'an，（1846）.

③ K. Lundmark，Publications of Astronomical Society of the Pacific，33，225，（1921）.

④ J. Duncan，Proceedings of National Academy of Science，U.S.A. 1，170.（1921）.

⑤ E. Hubble，Astronomical Society of the Pacific Leaflet，No.14，（1928）.

⑥ K. Lundmark，Festskrift Tillägnatö，Bergstrand，Uppsala，（1938）.

蟹状星云是 1054 年爆发的产物，又证实了这次爆发不是普通新星的爆发，而是一颗超新星的爆发①。

超新星爆发是恒星演化过程中的一种突变现象。超新星爆发时，除了星的本身结构发生改变，向周围空间猛烈地抛射出大量物质，这些物质在膨胀过程中和星际物质互相作用，形成纤维状气体云和气壳以外，还抛射出大量的带电粒子，这些粒子因得到星云中磁化纤维物质的能量而不断被加速，由于所获得的能量不同，有的发出光波，有的发出无线电波。射电望远镜出现以后，1949 年果然发现，蟹状星云是个强烈的无线电辐射源，发射波长从 7.5 米到 3.2 厘米，波长越短强度越弱。有趣的是，如果把这个星云的射电强度的变化曲线和光强度变化曲线画在一张图上，二者正好衔接起来，后者是前者的继续，从而证实了上述电子同步加速理论的正确性。

金牛座蟹状星云和射电源对证起来以后，人们迫不及待地问：其他超新星爆发的位置上现在有没有射电源？现在有射电源的位置上从前有过超新星爆发吗？为了开展这两方面的研究，作者于 1955 年根据中国资料，编了《古新星新表》②，又于 1965 年与薄树人合作，将日本和朝鲜的资料合并进去，作为《中、朝、日三国古代的新星记录及其在射电天文学中的意义》一文的附录发表③。这两篇文章的发表，引起了美苏两国的极大重视，他们纷纷翻译出版。20 年来，世界各国在讨论超新星、射电源、脉冲体、中子星和 X 射线源、γ 源等最新天文学研究对象时，引用过这两篇文章的文献，已在 1000 种以上。1980 年荷兰的帕伦博（G. G. C. Palumbo）、迈利（G. K. Miley）和意大利的斯基沃・卡姆波（P. Shiavo Campo）又利用荷兰莱登天文台惠更斯实验室射电天文中

---

① J. J. Duyvendark and J. H. Oort，T’oung Pao. 36，174，(1942)；J. J. Duyvendark，Publications of Astronomical Society of the Pacific，54，91，(1942)；N. U. Mayall and J. H. Oort，T’oung Pao，54，95，(1942).

② 席泽宗，天文学报，3，196.（1955）：Acmpohomuлeckuuo Журнaл. 34. 159，(1957)；Smithsonian Contributions to Astrophysics，2，109，(1958).

③ 席泽宗、薄树人，天文学报，13，1，(1965)；科学通报，1965 年 5 月号，387 页；Science，154，597，(1966)；NASA. TT—F. 388，(1966).

心的威斯特波克（Westerbork）综合孔径射电望远镜，从我们 1965 年的文章中挑选了 7 个对象，在 1°.5×1°.5 的区域内进行巡天观测，企图发现非热射电源，虽然没有得到结果，但是他们认为这项工作应当继续进行[①]。

1967 年底英国休伊什（A. Hewish）在蟹状星云的中心又发现了一个周期极短而很稳定的射电脉冲体（后来证明也有相同周期的光学脉冲）。不久，人们普遍认为，这个脉冲体就是快速自转的、有强磁场的中子星。这一发现非常重要，已于 1974 年被授予诺贝尔物理学奖。爱尔兰丹辛克天文台的华侨天文学家江涛于 1969 年论证，认为我编的《古新星新表》中有 6 条记录可能与脉冲体对证起来[②]。

实践是检验真理的唯一标准。中子星的发现，部分地证实了 20 世纪 30 年代即已提出的恒星演化理论。当时认为，恒星能源枯竭以后，就要量变引起质变，至于如何质变，则决定于这颗星的质量：①若星的质量不到太阳质量的一半，则直接变成白矮星。②若星的质量介于太阳质量的一半到 1.3 倍，或星的质量小于太阳质量的 3 倍，经爆发后剩下的质量在这个范围以内，则经过红巨星、脉动变星或爆发阶段，变成白矮星。③若星的质量大于太阳质量的 3 倍，就要发生剧烈爆发，爆发时亮度突然增加几千万倍到几亿倍，即超新星阶段。爆发后，剩余质量若小于太阳质量的 2 倍，便变成中子星；若大于太阳质量的 2 倍，就成为黑洞。

现在，白矮星和中子星都已被观测所证实，正在寻找黑洞。黑洞是看不见的东西，孤立的黑洞难以观测，因此，只能着重于在双星体系中证认黑洞。目前，认为最有可能是黑洞的天体是 X 射线源天鹅座 X-1。它是密近双星 HD226868 的一员，据推算其质量为太阳质量的 8 倍，因此可能是一个黑洞。1978 年李启斌提出，这个黑洞就是《明实录》中记载的“永乐六年（1408 年）冬十月庚辰，夜中天，辇道东南有星如盏，

① G. G. C. 帕伦博、P. 斯基沃 • 卡姆波、G. K. 迈利，天文学报，21，334，(1980).

② T. Kiang，Nature. 223，599，(1969).

黄色，光润而不行”这条记录的遗迹[①]。江涛于 1980 年补充说，日本于同年 7 月 14 日的记载和《明实录》中的记载可能是同一件事，因而使这次爆发的可见日期长达 102 天，从而增强了李启斌这一推测的可能性[②]。

1977 年英国斯第芬森（F. R. Stephenson）和克拉克（D. H. Clark）所著的《历史上的超新星》（*Historical Supernovae*）一书，以可见期大于 6 个月作为判据，论证了 7 个超新星，而资料主要来自中、日、朝三国，具体情况如表 1 所示。

表 1

序号	出现年份	位置	可见期	记录者	射电源
1	185	半人马座	20 个月	中国	13S6A
2	393	天蝎座	8 个月	中国	
3	1006	豺狼座	数年	中国、日本、欧洲、阿拉伯	MSH14-415
4	1054	金牛座	22 个月	中国、日本	3C144
5	1181	仙后座	6 个月	中国、日本	
6	1572	仙后座	18 个月	中国、朝鲜、欧洲	3C10
7	1604	蛇夫座	12 个月	中国、朝鲜、欧洲	3C358

由此可见远东古代的新星记录在现代天文学中的作用了。

二

远东古代的天文记录近年来在现代天文学中的另一应用是关于太阳活动周期的讨论。1843 年德国药剂师施瓦贝（Schwabe）发现了太阳黑子活动的周期性。此后不久，沃尔夫（R. Wolf）于 1848 年引入了“黑子相对数”这一概念，并且利用望远镜观测积累下来的资料，推算出 1700 年以来的黑子相对数的年平均值，从而进一步证明了太阳黑子活动确实存在 11 年的周期性。

但是，正是在施瓦贝发现黑子活动周期性的同年，另一位德国天文学家斯玻勒（Spörer）在研究黑子在日面上的纬度分布时发现：1645～

① 李启斌，天文学报，19，210，（1978）.

② K. Imaeda and T. Kiang，Journal for the History of Astronomy，11，77，（1980）.

1715 年的 70 年间，几乎没有黑子记录。1894 年英国孟德尔（Maunder）在总结斯玻勒的发现时，把这一时期称为太阳黑子活动的“延长极小期”，后来人们就把它简称为“孟德尔极小期”（Maunder Minimum）。

20 世纪以来，11 年的周期，从各方面的观测（如地磁、极光、耀斑等）都得到了进一步的证实，孟德尔极小期的说法也就无人问津了。不料到 1976 年，美国高山天文台的艾迪（J. A. Eddy）又旧事重提。他连续发表 4 篇论文[①]，从无黑子记录、极光出现频次减少、树木年轮中放射性 C14 反常增高 20%、孟德尔极小期中欧洲所见 4 次日全食（1652 年、1698 年、1706 年、1715 年）记载中，找不到有关日冕结构的描述，论证不但有孟德尔极小期，甚至提出 11 年周期只是近 200 多年间的事，在过去可能就不存在。艾迪的说法具有爆炸性，如果成立，则太阳物理学要全部重新建立，而要解决这个问题，只有从远东历史上找资料，因为在伽利略用望远镜发现黑子以前，在欧洲几乎没有黑子记录，而在东方则史不绝书。

为了回应艾迪的挑战，云南天文台从中国史书中整理出 100 多条黑子记录，时间从公元前 28 年到公元 1638 年，都是肉眼可见的大黑子群，并通过自相关分析，得出 11 年周期是 2000 年来长期存在的[②]。

1962 年唐锡仁和薄树人在《地理学报》28 卷 1 期上发表《河北省明清时期干旱情况分析》，得出连续干旱期倾向于太阳黑子极小年份附近，单独干旱年倾向于极大年份；在 1500～1900 年的 400 年间，1669 年以前有 27～30 年的周期，1726 年以后有 32～35 年的周期，1669～1726 年变化较大，看不出规律。当时他们二人不知道孟德尔极小期之说，现在知道这一段恰与孟德尔极小期相合。1980 年刘金沂再将 1669～1726 年这一段取来分析，发现其中有五个干旱期，都与极小年相合；四个单

① J. Eddy，Science，192，1189，（1976）；Proceedings of the International Symposium on Solar-Terrestrial Physics，11，958，（1976）；Sky and Telescope. 52，394，（1976）；Scientific American，1977 年 5 月号，80 页.

② 丁有济、张筑文，科学通报，23，107，（1978）．
罗葆荣、李维葆，科学通报，23，262，（1978）．

独干旱年，一个正逢极大年，其余三个跟极大、极小年相差 2～3 年，倾向于极大年。这两条规律和前后几百年的规律是一致的，这又从另一个角度说明了在孟德尔极小期内，11 年周期仍然存在[①]。

1978 年北京天文台邹仪新又利用我国从公元前 165 年到公元 1884 年的黑子记录，并辅以极光记录，得出 2000 年中黑子活动的加权平均周期为 10. 42±0.19 年；而在孟德尔极小期间也有 8 次黑子记录（包括期前期后各一次），它们是 1637.5 年、1647.4 年、1656.2 年、1665.1 年、1673.4 年、1684.2 年、1709.0 年和 1732.4 年，（这里已将月、日化为年的小数）。由这 8 个数据，来求加权平均周期，得数为 10.54±0.62 年，和由 2000 年所求得的数据也相差不多，可见在孟德尔极小期内，11 年周期也还是存在的。邹仪新还指出，在过去 2000 年中，除了孟德尔极小期外，太阳活动还有 6 次低潮期[②]。

1979 年南京徐振韬夫妇从中国地方志中查出，在孟德尔极小期中有 6 条黑子记录（1647 年、1650 年 10 月 25 日、1655 年 4 月 30 日、1656 年春、1665 年 2 月 20 日、1684 年 3 月 16～18 日），再辅以欧洲由望远镜观测的 7 条记录（1671 年、1676 年、1684 年、1686 年、1688 年、1689 年和 1695 年），做黑子出现频次列线图，可以清楚地看出：平均每隔 10～11 年黑子频次分布就出现一次最大，最短的间隔为 7～8 年，最长的间隔为 12～13 年。这种分布特征正是太阳活动 11 年周期的典型表现。这又一次证明了在孟德尔极小期内，太阳活动 11 年周期的规律依旧存在[③]。

顺便指出，神田茂于 1932 年在《东京天文台报》1 卷 1 期上发表的《中、朝、日三国太阳黑子记录》中，1639～1720 年没有一条材料，这是艾迪立论的主要根据之一。现在徐振韬夫妇对这一时期补充了十条材料，使艾迪的第一个论据完全失效，因而他们的文章在英国受到很大的重视，《泰晤士报》和《自然》均予以报道。

1980 年中国科学院自然科学史研究所戴念祖和陈美东又发表《中朝

① 刘金沂，1980 年 10 月在中国科学技术史学会成立大会上的报告.

② 邹仪新，北京天文台台刊，第 12 期，87 页，（1978）.

③ 徐振韬、蒋窈窕，南京大学学报（自然科学版），1979 年第 2 期，31 页.

日历史上的北极光年表》和《历史上的北极光与太阳活动》，以929条材料对艾迪的第二个论据作了全面的否定。他们从中、朝、日三国的极光材料得出，从公元前217年到公元1749年，太阳活动有180个峰年，恰为11年一个周期。材料又说明，历史上太阳活动存在几个低潮期，1640～1720年是其中的一个，但在这期间，11年周期也还存在，与前几个人从黑子记录中所得结果一致[①]。

三

20世纪天体测量学的一项重要发现是，确认地球自转是不均匀的，除了不规则变化和周期变化外，还有长期变慢的现象，从而动摇了以地球自转作为计量时间的传统观念。按照传统观念，时间的基本单位“秒”为地球自转一周（即一日）的$\frac{1}{24\times60\times60}$，1958年国际天文学联合会决定采用历书时，把“秒”的定义改为1900年1月0日12时正回归年长度的$\frac{1}{31\,556\,925.9747}$，“1900年1月0日12时正”即太阳几何平黄经为279°41′48″.04时的瞬时，因为回归年的长度也是随时间变化的，所以要采用某一瞬时的回归年长度。历书时（ET）和日常用的世界时（UT）的关系为

$$\mathrm{ET}=\mathrm{UT}+\Delta T$$

式中，ΔT由观测月球的运动而决定。日食是月球运动的一种表现形式，当月亮运行到与太阳同经同纬时便发生日食。把古代日食观测记录应用于地球长期减速的研究，可以得到与现代观测同样精度的结论，甚至还可以发挥时间长的优势，得到现代观测所得不到的结论。1977年斯第芬森和克拉克以《汉书·五行志》所载高后七年正月己丑（公元前181年3月4日）晦的一次日全食为例，依推算食甚发生在东经33°.5爱琴海附近，但实际发生在东经108°.5的长安，相差75°。这个见食地点和计算

① 戴念祖、陈美东，《科技史文集》第6辑“天文学史专辑”（2），69，（1980）.

地点的差别，实际上是由时间差别引起的，观测用的是世界时，计算用的是历书时。按经度相差 15°，时间即差 1 小时计，75°即相差 5 小时。两千多年积累的 $\Delta T=5$ 小时，则由于地球自转变慢，平均日长增加率就大于 2 毫秒/世纪[①]。这比现在一般采用的 1. 6 毫秒/世纪大。

问题在于，应用于地球自转长期减速研究的日食记录，必须：①要有确切的年月；②要有食分，最好是全食记录；③要有确切的观测地点。1980 年陕西天文台吴守贤将 20 世纪 60 年代以来四位西方天文学家（D. R. Curott，1966 年；R. R. Newton，1970 年；P. M. Mullar 和 F. R. Stephenson，1975 年）所用的东方日食记录予以考核，发现他们所用的观测记录除互相重复的以外，总共有 30 个。在这 30 个中，有 10 个不符合条件。例如，克罗特（D. R. Curott）所用三次日食，一为《尚书·胤征》篇中的日食，两次为甲骨卜辞中的日食，时间、食分、地点都不能确定。又如，牛顿（R. R. Newton）所用 19 次中国日食记录，全都把观测地点定为开封，实际上开封仅是五代和北宋的首都，而 19 次日食全在公元 500 年以前。既然所使用记录有 1/3 靠不住，他们的研究结果当然就值得商榷[②]。

1979 年北京天文台李致森用了从春秋到汉朝末年近 1000 年间史书上所载的中心食（包括全食和环食）记录，计算分析了 78 例日食，选用了其中 17 例来讨论地球速率的变化，所得结果为 1.7 毫秒/世纪，与过去的 1.6 毫秒/世纪相近[③]。1980 年中国科学院自然科学史研究所陈久金提出了一个新的方法，即不用全食记录，而用有准确时刻记载的日食。他用从汉代到明末为止的 71 条日食记录中的 98 个食相观测，证实了前人总结出的地球自转长期减速的经验公式[④]。

1967 年又有人提出用原子时（AT）作为时间的计量系统。在原子

① F. R. Stephenson and D. H. Clark，Monthly Notices of the Royal Astronomical Society，180，567，（1977）.

② 吴守贤，陕西天文台台刊，1980 年第 2 期，23 页.

③ 李致森，北京天文台台刊，1979 年第 3 期，41 页.

④ 陈久金，1980 年 10 月在中国科学技术史学会成立大会上的报告.

时系统中，把“秒”定义为铯（^{133}Cs）原子基态的两个超精细能级间在零磁场下跃迁辐射 9 192 631 770 周所持续的时间。原子时的起点是 1958 年 1 月 1 日零时（世界时），即规定在这一瞬间原子时与世界时重合。如果万有引力常数 G 不随时间变化，那么对于古代日食，按历书时算出来的应与原子时算出来的一致。但是，按照近年来的某些宇宙学理论，引力常数 G 随时间而变小，大约每年减小 1×10^{-10} 或 1×10^{-11}。如果这是真实的，则历书时和原子时的差值应表现出来。不过，最近有人分析中国古代的日食记录，和利用激光测月所得结果一致，认为 G 没有变化。这个问题还有待于进一步深入研究。

四

中、朝、日三国有大量的彗星记录，对于这些记录的分析和利用，可以说还没有开始。以前最受人注意的是哈雷彗星。1933 年朱文鑫在他的《天文考古录》里发表了《中国史之哈雷彗》，发现从公元前 240 年到公元 1910 年哈雷彗星回归 29 次，每次中国都有详细记录。1972 年 4 月美国布莱特（J. S. Brady）分析其中 295～1835 年的 21 次记录，发现其过近日点的时刻有 500 年的周期变化，他认为这是由于冥外行星的摄动引起的，并计算出这个未知行星的轨道要素（半长轴=59. 94 天文单位，周期=464 年，轨道倾角=120°，偏心率=0.07）和目前所在的位置（仙后座），以及目视星等（13 或 14 等）；但英国格林尼治天文台和美国里克天文台观测结果，均未发现这个被预告的新天体①。于是美国哥德里希（P. Goldreich）和瓦尔特（W. R. Ward）于同年 10 月又提出另一种解释，认为这是由彗核物质在过近日点时挥发散失所产生的反作用引起的②。

与此同时，江涛也对中国的记录进行了重新审查，他推导出从 1222 年

① Sky and Telescope，44，297，(1972).
② Sky and Telescope，45，22，(1973).

以来哈雷彗过近日点日期的修正值。修正后的日期，有时与布莱特据以推出第十大行星的数据有足够大的差别，从而从另一个方面否定了布莱特的结论[①]。不过，紫金山天文台台长张钰哲于1878年把太阳系内已知的九大行星对哈雷彗的摄动统统考虑进去，又进行了一次细致的计算，把计算结果和历史资料进行对比以后，发现在时间上都有一定的差异。由此，他认为在离太阳50天文单位的距离上，或有一环总质量等于地球的彗星云，或有一未知的行星存在，还有待于观测来检验[②]。

以上几个例子足以说明，历史上的东方文明并没有完全进入博物馆，它在现代科学的发展中仍有重要的作用。相比之下，西方科学家利用这份遗产倒比我们东方多。我们应该珍视这份宝贵的遗产，搜集、整理、研究、利用，对人类做出较多的贡献。

〔黄盛璋：《亚洲文明论丛》，成都：四川人民出版社，1986年〕

① T. Kiang，Memoirs of the Royal Astronomical Society，76，27，（1972）.

② 张钰哲，天文学报，19，109，（1978）.

历史超新星新研究

1986 年 6 月我在哈佛-史密松森天体物理中心演讲时，波士顿大学天文系教授布雷彻（K. Brecher）问："你们的《中国古代天象记录总集》在新星和超新星记录方面有多少新资料？到现在为止，你们可以肯定的历史超新星有几个？"回国后看到李启斌同志在中德联合举办的第二届高能天体物理会议上的一篇论文，觉得恰好可以作为回答布雷彻所提两个问题的基础。李启斌将《中国古代天象记录总集》中的新星和超新星资料全部译为英文，并予以编号，共得 51 项，并谓其中有 6 项系前人所未知，但未具体说明是哪 6 项。本文分析出是李启斌文章中的 12 号、30 号、37 号、45 号、46 号和 51 号。经仔细研究，这 6 项中有 1 项（12 号）可以肯定为彗星，有 3 项（37 号、45 号和 46 号）可以肯定为流星，其余 2 项（30 号和 51 号）记录极为简单，难以作出判断。因此可以说，《中国古代天象记录总集》在新星和超新星方面未提供出新的材料，但这并不否定这部书的巨大价值，它在极光、陨石、流星、流星雨等有地域性观测方面所提供的丰富资料还是很值得研究的。

李启斌又利用《中国古代天象记录总集》中所提供的亮度和可见期两个参数，用模糊数学筛选 22 项，认为可能是超新星爆发的记录，并根据其权重（membership degree）分为三组，属于第一组的可能性最大，第三组的可能性最小。各组超新星出现的年份如下所示。第一组：公元 185 年、1006 年、1054 年、1572 年、1604 年。第二组：公元 393 年、483 年、1087 年、1181 年、1244 年、1248 年、1408 年、1431 年。第三组：公元前 48 年、公元 64 年、369 年、386 年、396 年、473 年、900 年、1203 年、1430 年。

的确，第一组的五颗历史超新星，过去几乎已无争议，但最近黄一农对出现在公元 185 年的超新星提出了颠覆性的论证，认为《汉书》中所载的实际上是一颗彗星，而且和光学遗迹 RCW86（射电源 MSH14-63）的位置并不吻合。本文将对黄文做出回应，认为他的论据还不足以将前人的认证否定掉。

本文对第二组和第三组中的列项，逐一做了具体分析，结果是：第二组的 8 颗中仅有 3 颗可能是超新星，而第三组的 9 颗中却有 7 颗可能是超新星。这样，除第一组中人所共知的 5 颗超新星外，尚有 10 个年份可能有超新星出现，依次为公元前 48 年、公元 369 年、386 年、393 年、396 年、437 年、1181 年、1203 年、1408 年、1430 年。

参 考 文 献

Li Qibin，*in* High Energy Astrophysics（Proceedings of the Second Workshop of the Max-Planck-Gesellschaft and the Academia Sinica）. Ed. by Bărner，pp.2-25. Berlin：Springer-Verlag，1988.

北京天文台，《中国古代天象记录总集》，南京：江苏科学技术出版社，1988.

黄一农，《汉学研究》（台北），7，pp. 283-305，1989.

〔《中国科学院第六次学部委员大会学术报告摘要汇编》，1992 年〕

蟹状星云940周年

曾经担任过美国原子能委员会主席的麻省理工学院教授魏斯科普夫说："在人类历史上有两个7月4日值得永远纪念。一个是1776年7月4日，美利坚合众国的成立；一个是1054年7月4日，中国天文学家记录了金牛座超新星的爆发，这次爆发产生了蟹状星云。"1054年7月4日相当于宋仁宗至和元年五月二十六日，中国古时用干支纪日，这一天的日名为"己丑"。《宋史·天文志》中记载着，这一天"客星出天关东南，可数寸，岁余稍没"。在马端临的《文献通考》（约成书于1280年）中也有同样的记载，但最后二字为"消没"，似乎更确切些。

《宋史·仁宗本纪》还有一段记载："（嘉祐元年三月）辛未，司天监言：自至和元年五月，客星晨出东方，守天关，至是没。"嘉祐元年三月辛未对应于公元1056年4月6日，从1054年7月4日到这一天共643天。在这样长的时间里，这颗客星固守天关（金牛座ζ星）附近一直不动，不可能是彗星或太阳系里的其他任何天体，而是近代天文学中所讨论的新星或超新星。1921 年瑞典天文学家伦德马克编制《历史记录和近代子午观测所得的疑似新星表》时，首次把它列入其中，并且加了一个脚注“近 NGC 1952”，但没有把两件事联系起来（图 1）。

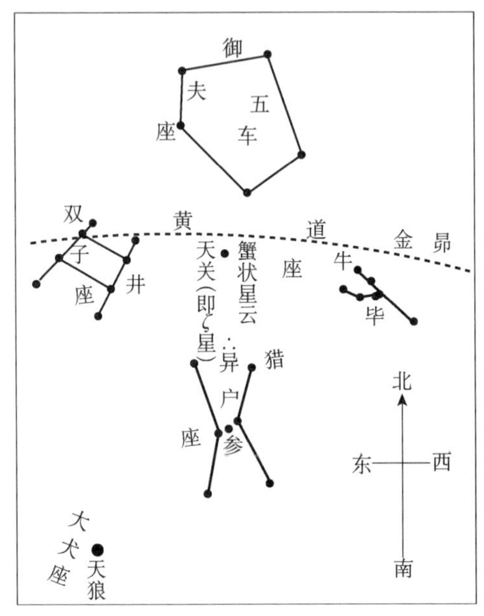

图 1　天关附近主要星宿示意图

NGC 1952 是蟹状星云在 1888 年出版的《星云星团新总表》中的号数，在最早的《梅西耶星团星云表》（1771 年）中则名列榜首，代号为 M1，并且说这个星云是英国医生贝维斯（J. Bevis）于 1731 年发现的。贝维斯是一位天文爱好者，他有自己的天文台，向皇家天文学会写过许多观测报告，友人曾经提名他当皇家天文学家，最后因爬楼梯而摔死，可以说是从事天文观测而殉难的一名烈士。在贝维斯逝世 80 多年以后，英国又出现了另一位杰出的天文爱好者——罗斯，他用自制的 1.8 米大型反射望远镜，对 M1 进行了几十年的观察，凭肉眼发现了这个星云中的纤维结构，并于 1850 年左右把它定名为蟹状星云（图 2）。

蟹状星云的第一张照片是罗伯兹于 1892 年在 0.5 米望远镜上拍摄的。1921 年邓肯将美国威尔逊山天文台用 1.5 米望远镜相隔 11 年多拍的两张照片进行对比时发现，蟹状星云中的纤维物质都在从中心向外运动，这表明它在膨胀（图 3）。

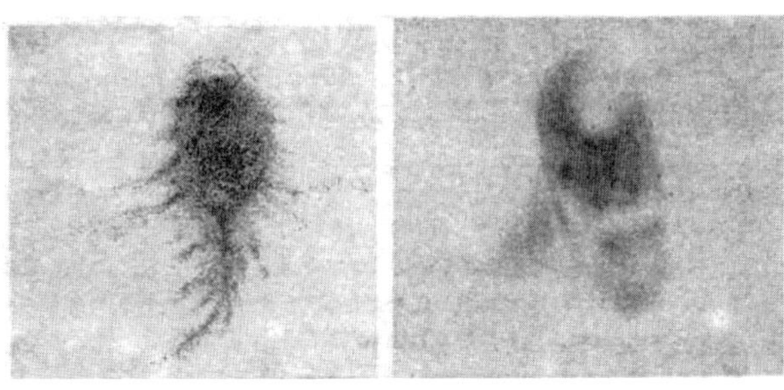

图 2 罗斯绘制的两幅蟹状星云图

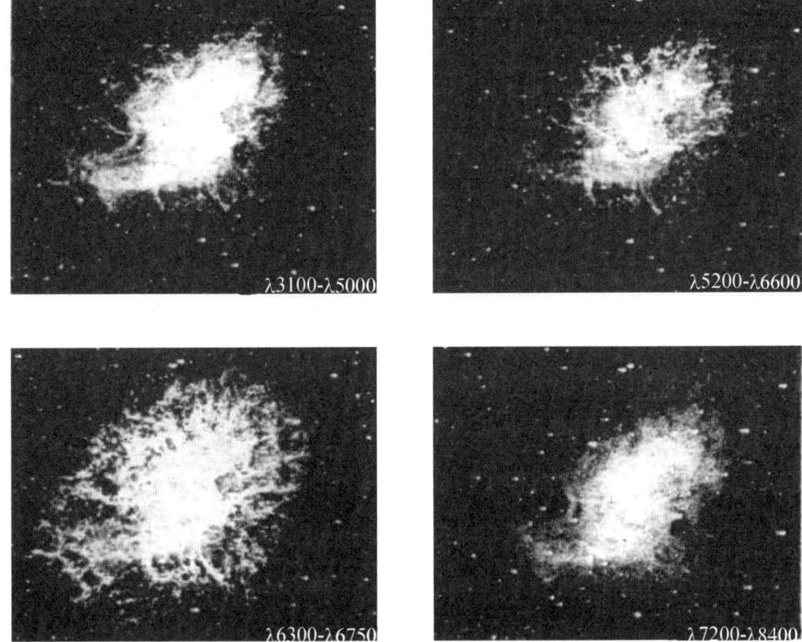

图 3 用不同滤光器在 2.5 米望远镜上拍的蟹状星云照片

注：左上，蓝色；右上，黄色；左下，红色；右下，红外

被誉为星系天文学之父的哈勃于 1928 年将邓肯的发现和伦德马克的论文联系起来，做了如下的判断：“蟹状星云可能是近到能够观测它的星云状物质的第三颗新星。因为它膨胀得很快，按照这样的膨胀速度，只需要大约 900 年，就可以达到现在这样的大小，因为古代的天象记录中，在蟹状星云附近只有一次新星出现的记载，这次记载发现于中国的

编年史中，这一年就是 1054 年！”1928 年“超新星”概念还没有出现。把超新星和新星区别开来，是从 1934 年巴德和兹威基向美国国家科学院提交的一篇论文开始的。哈勃所指的另外两个具有星云状物质的新星是 1901 年英仙座新星和 1918 年天鹰座新星，这两个新星周围的星云都在膨胀。

在哈勃思想的影响下，美国利克天文台的梅耶尔和荷兰天文学家奥尔特、汉学家戴闻达联合攻关，于 1942 年发表了他们合作研究的结果。戴闻达从《宋会要》（成书于 1081 年）中找到一条重要资料：“嘉祐元年三月，司天监言：‘客星没，客去之兆也。’初，至和元年五月，晨出东方，守天关，昼见如太白，芒角四出，色赤白，凡见二十三日。”

太白即金星，太白昼见在中国史书中记载很多，1874 年 12 月 8 日金星凌日之前的四天内皆可昼见，当时的视星等为−3.3；因此可以假定视星等为−3.5 的天体，只要观测者知道它的位置，白天均可看见。利用这一数据，再加上前面所引《宋史》中的两条数据，便可画出天关客星的光变曲线（图 4）。结果发现这条曲线和 1937 年 8 月出现在河外星系 IC4182 中的超新星的光变曲线惊人地一致，因此 1054 年的中国客星应该属于超新星。

除了光变曲线相似外，梅耶尔又想出了另一个考察绝对星等的办法。他对蟹状星云进行了大量的光谱分析。由于蟹状星云在膨胀，它的光谱线就都分裂成两条。测量分裂的宽度，根据多普勒效应的公式，就可以算出它膨胀的线速度。把线速度和从照片上测量出来的角速度结合起来，就可以求出蟹状星云的距离。把这个距离和 1054 年客星出现时的视星等结合起来，得到这颗客星爆发时的绝对星等为−16.6，比当时从几个河外星系中的超新星所得到的平均绝对星等（−14.3）还要大，这就更进一步证明了它是超新星。太阳的视星等为−26.7，但若把它放在标准距离处（32.6 光年），其绝对星等只有 4.8，比 1054 年的超新星暗 21 个星等，也就是说 1054 年超新星爆发时，发光本领比太阳大 5 亿倍，把它移近到天狼星的位置上（7.8 光年）也还有满月那样亮。

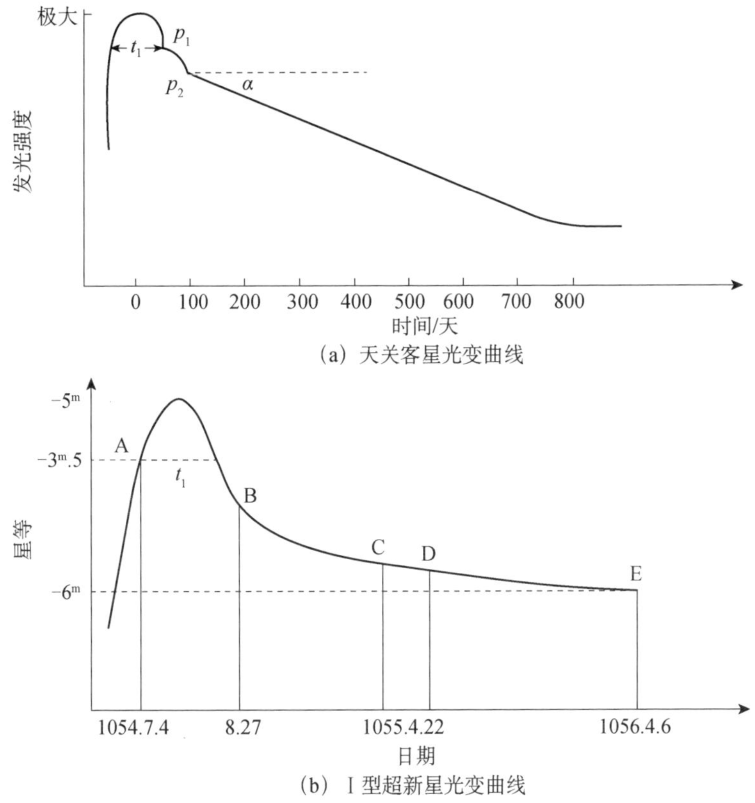

图 4　根据中国记录所绘天关客星光变曲线和Ⅰ型超新星光变曲线的比较

注：t_1=50 天，p_1 和 p_2 之间有隆起，p_2 之后星等随时间的变化几乎是线性的

不但 1054 年超新星爆发时，它的辐射本领比太阳大，就是它的遗迹——蟹状星云——现在的辐射也比太阳强得多。假如有一天，我们能用眼睛接收无线电波的话，那么在天空看到的将有好几个太阳，蟹状星云就是其中之一。1949 年以来人们用射电望远镜对蟹状星云在所有无线电波段（从米波到毫米波）上的辐射强度进行了测量，结果发现它的强度和波长之间的关系不能用黑体辐射定律来解释。所谓黑体就是一个内壁涂黑（刷白也行）的空腔。把黑体加热到各种不同温度，用摄谱仪拍摄从黑体发出来的连续光谱，测量不同波长的辐射强度，就可以得到各种温度下的连续光谱的强度曲线。然后，将天体的连续光谱曲线拿来与这些曲线进行比较，就可以得到该天体的表面温度。我们说太阳表面温

度有 6000℃，就是这样得来的。黑体辐射定律反映的波长与温度的关系，应该适用于电磁波所有波段；但把它用来解释蟹状星云的无线电辐射时却发生了问题。要发射这样强的无线电辐射，它的温度需要在 50 万℃以上，但这是不可能的。1953 年苏联天文学家什克洛夫斯基提出，蟹状星云的辐射不是由于温度升高而产生的，即所谓热致辐射；而是另有机制，这种机制叫作“同步加速辐射”（图 5）。在高能物理研究中，常用同步加速器加速粒子，当粒子加速到接近光速时，就会产生辐射。什克洛夫斯基认为，蟹状星云就是一个庞大的天然同步加速器，速度非常高（接近光速）的电子在它里面绕着磁力线一面做螺旋式运动，一面放射出电磁波。他预言，这种辐射的特点之一是具有很强的偏振性，偏振方向与磁力线的方向互相垂直。果然不出一年，他的预言就被许多观测证实。根据光波和无线电波的偏振强度求出蟹状星云的平均磁场强度为万分之一高斯。这虽比地球表面的平均磁场弱很多，但比它周围星际磁场的却高出 100 倍，正是靠这万分之一高斯的磁场改变了蟹状星云电磁辐射的面貌。

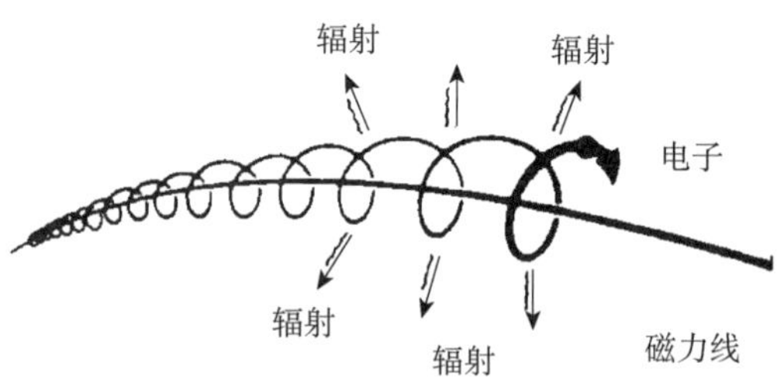

图 5　同步加速辐射示意图

有人说，蟹状星云是个“包藏在秘密之中的秘密的秘密”，解决了一个问题又会产生一个问题。什克洛夫斯基的理论解决了它的辐射机制，但是马上有人问：其中的磁场是怎样产生的？那么多高能电子是从哪里来的？霍伊尔和伯比奇等天文学家都做出过回答，但都难以令人信服。比较满意的答案却来自一次偶然的发现：蟹状星云中央有个脉冲星，它可以源源不断地提供高能电子流，磁场的产生也与它有关。这次发现获得了 1974 年的诺贝尔物理学奖，这是天文观测第一次获得这样崇高的荣誉，值得多说几句。1967 年英国剑桥大学设计了一架由 2084 个全波偶极天线组成的大型射电干涉仪，整个天线摆成一个长方形矩阵，南北长 45 米，东西宽 470 米，占地面积 2 万多平方米，在 81.5 兆赫（相当于 3.7 米）的波段上进行每周一次的巡天观测，目的是研究射电源的闪烁现象。可是，在 10 月的一天，突然发现在天空某个固定的方向（狐狸座当中）出现了一种意外的信号——周期短促而精确的射电脉冲。几个月之后，通过对大量记录的分析，才了解到早在 8 月 6 日（仪器投入使用后仅一个月）就已经记录到这样的信号了。这种信号非常有规律，每隔 1.337 秒跳动一次，也就是说发生一次脉冲，两次脉冲之间的时间间隔叫作脉冲周期，一次脉冲持续的时间叫作脉冲宽度，这种天体叫作脉冲星。其后，在短短几周时间内，又接连发现了三个同类的天体。1968 年 2 月 24 日休伊什和贝尔等在英国《自然》杂志上公布这一结果后，立即引起了国际天文界的轰动，到 1968 年年底在短短的 10 个月时间内，有关论文就发表了 100 多篇，使脉冲星的数目增加到 23 个，蟹状星云中心脉冲星的发现就是其中之一。

蟹状星云脉冲星虽然不是第一个被发现的，但在脉冲星研究的过程中却起了举足轻重的作用。第一，直到 1982 年以前，它是周期最短的脉冲星，只有 0.033 秒；第二，迄今在所有电磁波段上（包括 X 射线和 γ 射线）都能观测到脉冲现象的只有它和船帆座的另一个脉冲星，但那个脉冲星的光学亮度很暗，只有蟹状星云脉冲星的万分之一，很难观测。蟹状星云脉冲星的光学脉冲则测量得非常准确，而且是人们早已拍过照片的一个天体，原来人们以为它是一颗白矮星。如果脉冲周期是由于白矮星的自转引起的，它的周期不能小于 1 秒，而蟹状星云脉冲星的周期只有千分之 33 秒，相差很大。因为一个物体自转时会产生离心力，自转速度越快离心力越大。离心力能使物体碎裂，一个机器上的木轮子，旋转得太快，会被甩散，但若换成铅球，则很难散裂开来，这和物质本身的密度有关系。白矮星的密度虽然很大，每立方厘米有几千克到几十吨重，但自转周期如果小于 1 秒，也会碎裂。于是就有人想起 30 年代已经有人预言过的密度更大的中子星（图 6）。

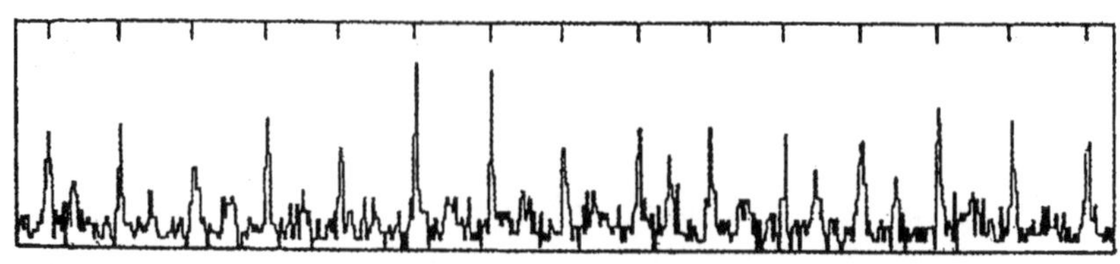

图 6　蟹状星云脉冲星光学脉冲记录，各次主脉冲之间准确的时间间隔为 0.033 秒

中子星几乎全部由中子组成，它的密度和原子核接近，可以达到每立方厘米 1 亿吨以上。这样高的密度可以使它的磁场强度高达 1 万亿高斯。这样强大的、迅速自转的磁体，在它的南北两个磁极不断地向外发射电磁波束，当电磁波束扫向地球时，我们就看到了脉冲现象，所扫过的时间，便是一次脉冲的脉冲宽度（图 7）。这个理论很好地解释了已经观测到的现象，并肯定了一种恒星演化理论：超新星爆发时，气体外壳被抛射出去，形成超新星遗迹，如蟹状星云；而内部核心却迅速坍缩，或形成白矮星，或形成中子星，或形成黑洞，这要由原来恒星质量的多寡来决定。目前已观测到了白矮星和中子星两种结果，黑洞正在搜索之中。中子星，只有在它的磁轴方位合适时，才能表现为脉冲星，被我们观测到。

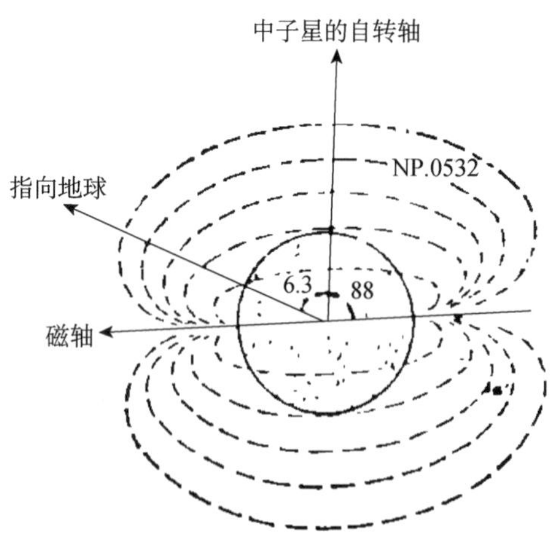

图 7　蟹状星云脉冲星迅速自转模型

中子星处于恒星演化的晚期阶段，它的内部已经没有热核反应，而它的能量又大得惊人，每时每刻一颗中子星辐射的能量等于几十万个太阳的辐射。这样大的能量消耗，只有靠自转速度的变慢，即动能的减少

来补偿，因为它自身也要服从能量守恒定律。自转速度变慢就意味着脉冲周期变长，第一个被观测到自转周期变长的中子星，又是蟹状星云脉冲星。美国普林斯顿大学一个小组用了 5 年时间，才测出它的变化，这个数量很小，只是 4.2×10^{-13} 秒/秒（用“秒/秒”为单位表示每秒钟内增加若干秒）。用这个数值来除脉冲周期，再用 2 来除，就可以得到它的年龄，约为 1000 年，这又和 1054 年的记录基本一致。不过，在这里得补充一句，蟹状星云和它的脉冲星，真正年龄不止 940 年，而应加上光线从它那里来到地球所走的距离 6300 光年。年龄和寿命还不是一回事，脉冲星的平均寿命大约为 400 万年，如果把它比作百岁寿星，那么蟹状星云和它的脉冲星才是刚刚出生两个多月的婴儿！

人们经常引用英国皇家学会会员、曾经担任过美国国立基特峰国家天文台台长和《天文学与天体物理学述评》主编的伯比奇的话，把当代天文学研究等分为蟹状星云的研究和对其他天体的研究。这话虽有点夸大，但也确实突出了蟹状星云在天文学中的特殊地位。可能除了太阳以外，没有一个天体能像蟹状星云产生出如此多的新理论，并这样快地提供如此众多的观测手段来检验这些理论，本文所述只是它丰富多彩的认识史上的一些片断。现在要问，蟹状星云是不是独一无二的样本？20 世纪 70 年代以前确实如此。20 世纪 70 年代开始发现，尚有一些超新星遗迹和蟹状星云类似，因而出现了“类蟹（crab-like）遗迹”这样的术语。目前有十几个超新星遗迹属于此类，而与它最为相似的一个则在大麦哲伦云内离 1987A 超新星位置不远的地方，它的脉冲周期为 0.050 秒，有人称它为蟹状星云的双胞胎。这个天体虽在银河系之外，比蟹状星云远 28 倍，但已观察到了它的光学脉冲，并且在光学波段和 X 射线波段观测到了周围的云状物。对这些类蟹遗迹的研究也许比进一步研究蟹状星云本身会带来更多的对自然界的了解。自然界的奥秘是无穷无尽的，人类认识这些奥秘的能力也是无穷无尽的。

〔《天文爱好者》，1994 年第 1 期〕

《古新星新表》评用选

1989年中国科学院院士王元、王绶琯、郑哲敏在总结《中国科学院数学、天文学和力学40年》时指出："50年代以来，通过我国（兼及一些其他国家）古天文资料的整理和分析，使现代所得的一些天文现象的研究得以大幅度'向后'延伸。这种'古为今用'的方法受到广泛重视，其中如利用古新星记录证认超新星遗迹并判定其年龄，曾引起很大的反响。"[1]

利用古新星记录证认超新星遗迹的工作，在中国开始于席泽宗的《古新星新表》[2]。关于此文的形成过程，中国科学院副院长竺可桢于1954年11月28日在中国天文学会、中国气象学会和中国地理学会联合举行的报告会上说："上月我到莫斯科参加苏联天体演化学第四次会议，这次会议主要讨论变星问题。会议于10月26日下午6时在苏联科学院主席团会议室开幕……第一天晚上论文读毕以后，我应主席阿姆巴楚米扬院士的邀请，对莫斯科大学天文学教授什克洛夫斯基所提出的关于

《超新星和射电天文学》的报告发了言……什克洛夫斯基教授为了证实超新星的爆发、射电源与蟹状星云三者的密切关系，为了说明白矮星是超新星爆发后所剩下的物质和超新星爆发时所抛出的物质即是星际物质，便需要了解约在1000年以前在金牛座是否有超新星爆发的详细记载。为此，苏联科学院天文史委员会主席库里考夫斯基曾经写信给中国科学院，希望在我国天文记录中找一找是否有类似的记载……1953 年 11 月间，我们接到库里考夫斯基来信之后，曾请我院席泽宗同志用了半年时间，搜集了我国历史上关于新星的记载。在搜集过程中发现，我国历史上所记载的客星为数甚多……什克洛夫斯基要我们查的另外4个新星的方位和年代，我们也找到了其中3个，此外并找出可能是超新星或新星的 41 个记载。已由席泽宗同志概略地算出它们的银经、银纬。由于这些记载可以提供新星、超新星研究上的新材料和助证，因而引起到会同人们的极大兴趣。”[3]

莫斯科大学射电天文学研究室主任什克洛夫斯基于1955年在其《无线电天文学》一书中首先对席泽宗的工作做出了评论：“不久前，为了证实新星爆发的发现，我们请求中国科学院研究中国的史书。中国的同志亲切地答应了我们的请求，现工作刚开始，我们暂时只有初步的结果。中国天文工作者席泽宗特别从事研究这个问题，不久前寄给我们一系列的重要的古代史料……由于历史的考察，我们大大地离开了本书——无线电天文学——的主要题目，但是这并不有害。想一想似乎是彼此离得这样远的事件与事实之间存在怎样的关系是有益处的。建筑在无线电物理学、电子学、理论物理学和天体物理学的‘超时代’成就的最新科学——无线电天文学——的成就，和伟大中国的古代天文学家的观测记录联系起来了。这些人们的劳动经过几千年后，正如宝贵的财富一样，把它放入了20世纪50年代的科学宝库。我们贪婪地吸取史书里一行行的每一个字，这些字的深刻和重要的含义使我们满意。”[4]

美国哈佛大学天文学教授佩恩-加波施金（C. Payne-Gaposchkin）在其专著《银河新星》（*The Galactic Novae*）（1957）中说：“席泽宗的《古

新星新表》发表得嫌晚了一点，来不及编入本书的附录二。他认为 185 年、396 年、437 年、827 年、1006 年、1054 年、1181 年、1203 年、1230 年、1572 年和 1604 年观测到的星为超新星；他取消了什克洛夫斯基（1953）以及什克洛夫斯基和巴连那果（1952）将 369 年的天体和仙后座强射电源（CasA）的成协证认，因为位置不对。”又说：“奥皮克（Opik，1953）认为我们银河系超新星的爆发频率‘一个好的估计’可能是每 30 年一次，席泽宗（1955）导出为每 150 年一次。”[5]

英国伦敦皇家学会会员、曾任国际科学史和科学哲学联合会科学史分部主席的李约瑟博士在其《中国科学技术史》第三卷（1959）中指出：“伦德马克（1921）的重要论文已被席泽宗（1955）的代替，新表比旧表优越……这一值得欢迎的工作的首次成功，已由席泽宗的论文加以报道。什克洛夫斯基认为有 6 个‘中国新星’是射电源，席泽宗只认可了其中的 4 个，而修正了另外 2 个。另外，他又增添了 11 个新星，它们的方位和目前研究中的射电源很接近。”[6]

美国国家科学院院士、曾任国际天文学联合会主席的斯特鲁维和泽伯格斯于 1962 年合写的《20 世纪天文学》中说：“这些推理使得什克洛夫斯基认为仙后 A 和中国编年史中记载在 369 年 3 月出现在仙后座的‘异星’一致，该星到同年 8 月才不见。根据伦德马克的旧表，这个异星可能是新星或超新星，它亮到-3^m。但是中国天文学家席泽宗对这一证认提出了怀疑，什克洛夫斯基于 1960 年在苏联《天文学杂志》37 卷 958 页上发表的一篇文章也接受了美国天文学家闵可夫斯基（R. Minkowski）的年代断定。闵可夫斯基在考虑了席泽宗的意见和其他的因素以后，于 1958 年在巴黎射电天文学会议上把这次超新星爆发改定在公元 1700 年左右。”[7, 8]

爱尔兰丹辛克天文台副台长、Pergamon 英文版《中国天文学和天体物理学》杂志主编于 1977 年 10 月为美国《天空与望远镜》杂志撰文评述中国天文学成就时说：“对西方科学家来说，发表在中国《天文学报》的所有论文中，最著名的两篇可能就是席泽宗在 1955 年和 1965 年关于中国超新星记录的文章。”[9]前一篇即《古新星新表》，后一篇即他与薄树人于 1965 年合写的《中、朝、日三国古代的新星记录及其在射电天文学中的意义》。

英国天体物理学家克拉克和天文史学家斯蒂芬森于 1977 年合著的《历史超新星》中说：“有可能是新星和超新星的第一个现代星表是席泽宗（1955）编的。它包括有 90 条主要是从中国和日本的史料中得到的记录，最迟到公元 1690 年。对每颗星都有完整的说明和参考文献，还有估计的坐标以及用图表示的在银河系内的分布。席泽宗对伦德马克的某些选取做了批评，但他自己的表也是很不可靠的。孛、彗和客星都包括在表中，几乎随处可见。一些星被标作超新星没有什么根据。又把几对星与可能的再发新星联系起来，而不管它们的位置在记录下来时仅仅是近似的。美国哈佛-史密松森天体物理中心把席泽宗的星表翻译出来，译得很好。然而使用这个译本时也应注意，其中孛星被译成了‘sparkling star’（发火花的星）。最近，在薄树人的协助下，席泽宗（1965）修订了他以前的星表。这次查阅了朝鲜和越南的历史（文献），总共还是 90 颗星列成一表，最迟到公元 1690 年。然而这篇文章和以前的一样，使用时必须谨慎。很明显，杨（Yang，1966）的节译比美国国家航空航天局很差的翻译好多了。”[10]杨的节译发表在美国《科学》杂志第 154 卷第 3749 期上，美国国家航空航天局的翻译为单行本。

1969 年美国克里福特·西麦在《太空揽胜》一书中写道：“现在明白，作为古代天空的看星者，东方天文学家要比欧洲天文学家高明得多。1965 年有两位中国学者，用中文发表了一篇论文，现在已有英译本，他们对中、朝、日三国天文学家著作里所说的‘客星’加以研究。因为对天空的描述许多时候都很含糊，又因为古时作者不像现在那样要求精确，所以要从那些观察文字中拣出无可争辩的代表新星或超新星来，这份工作也就异常困难。最后，这两位中国学者从书上差不多 1000 次观察中，认为 90 次可能是新星或超新星，其余的报道或则显然是彗星，或则属于可疑身份。说来奇怪，殷墟发掘出来的甲骨，公元前 14 世纪刻在牛骨上的文字，一种最粗简的记录，倒有两项观测，可以承认是新星或超新星的。最近可以接受的一次观察也是来自中国，那是1690年9月29日写的。从这些记录看，在过去2000年中，似乎可能有多至14颗超新星在我们的银河系里闪耀起来，这和每300年发生一次超新星爆炸的估计，不无出入的地方。”[11]

台湾清华大学校长天文学教授沈君山于1969年在英国《自然》杂志撰文说：“蟹状星云附近周期为0.033 09秒而在变长的脉冲体的发现，以及较早在船帆座超新星遗迹（Vela X）附近观测到的另一周期较短的脉冲体PSR0835-45，似乎支持这一观点：脉冲体和超新星爆发的最终产物相联系，可能就是中子星。当中子星年轻时，脉冲周期最短，以后逐渐变长，最后延长到1秒左右。为了验证这一假设，就要寻找更多的与已知年龄的超新星成协的脉冲体。毫无疑问，无线电天文学家已在其他两个众所周知的历史超新星（1572年第谷新星和1604年开普勒新星）的位置上开始寻找脉冲体。而考察古代东方记载的疑似超新星事件，可以提供更多的候选者……我已根据何丙郁（1962）和席泽宗（1955）的表，选取其中亮于-5^m的疑似超新星爆发事件做了研究，现将结果列于表1中，并对表中所列的星作以下说明。”[12]沈君山共选了4颗星，分别爆发在185年、396年、437年和902年。

同年，江涛也就同一问题在英国《自然》杂志发表文章。他说：“到写文章时为止的已知的26个脉冲体最可靠的位置数据收集在表1中。关于中国新星观测的资料，我们有非常宝贵的席泽宗的表（the invaluable list by Hsi Tse-Tsung）以及他和薄树人的修订本。这两个表将分别以Hs和XB表示。我们所用的资料包括XB中的全部90项，再加上Hs的16项（这16项在XB中没有），再加上何丙郁表中的少数。何表以Ho表示，在Ho中所取的几项，在Hs和XB中都没有。由于中国史书中关于位置的叙述不够精确和有时很含糊，我采取了以下步骤。”[13]

荷兰天文学家帕伦博、迈利和意大利天文学家斯基沃·卡姆波于1980年发表联合观测报告：《使用威斯特波克射电望远镜对古代东方“客星”射电遗迹的探测》。报告说，这项工作的原意是想根据对席泽宗和薄树人（1965）编制的 90 颗古新星表（简称 XP）中选出来的一些客星提供附加的观测资料。这份古新星表是根据中国、朝鲜和日本的历史记录细心排除彗星和正常变星后编制成的。根据这份表，我们挑选出如下天体并使用威斯特波克射电望远镜在 610 兆赫频率上进行观测，每次视场区为 $6^{m}\times15^{m}$（即 1°.5 ×3°.75）。选择的条件是：①爆发增亮在 1 个月以上者；②尚未与射电源证认者。观测结果是：在 7 个（XP83、24、27、86、46、10、69）已经观测过的视场区中没有找到任何一个存在弥漫非热射电辐射的证据，但是考虑到克拉克和斯蒂芬森（1977）的工作，未找到弥漫非热射电辐射不是结论性的，我们还不能排除席泽宗和薄树人列出的“客星”与银河系超新星成协的可能。在席、薄给出的客星位置周围合理地覆盖安全误差区的完整巡天观测，虽然是很费望远镜时间的，而且还要努力进行资料处理工作，但是为了要证实或否定一颗超新星与一颗“客星”成协，这种观测大概是必要的，这样一种完整的探测是应该受到鼓励的。[14]

1972 年美国密歇根大学天文学家考莉（A. P. Cowley）和麦克考内（D. J. MacConnell）在《天体物理学通讯》上发表文章说：“自从几个已知的 X 射线源和超新星遗迹对应上以来，我们决定比较‘自由’（Uhuru）号人造卫星测得的 X 射线源位置（Giacconi et al.，1972）和已知的超新星遗迹，以及古代客星记录的位置……古代客星的近似位置有几个来源，我们用的原始资料是席泽宗（1955）的表。”“从席的表中，我们找到了 6 个与 X 射线源相距在几度以内的客星（表 2）。由于东方记录所叙述的星的位置很大的不准确性，难以肯定这些对应。在某些场合，赤经和赤纬最近是 10^{m} 和 5°，有些最近仅提供出赤经 1^{h}，因此表 2 所列只是可能有关。”[15]

南京大学天文学教授汪珍如 1987 年在国际天文学联合会召开的“中子星的起源和演化”讨论会上报告说：“在中国历史书中有许多古代客星（AGS）的记录。席泽宗（1955）、席泽宗和薄树人（1965）编了两个表，列出从公元前 1400 年到公元 1700 年间观测到的 90 个可能是新星或超新星的记录。克拉克和斯蒂芬森（1977）、何丙郁（1962）、神田茂（1935）也收集过或多或少的类似的记录，其中 80%的材料来自中国。以下将根据这些材料进行讨论。”[16]汪珍如在这篇文章中讨论了八个 AGS 与射电源的关系，其中七个取自 XB，一个取自 Hs。

北京天文台研究员沈良照 1976 年在《科学通报》上发表文章说：“如果能从古籍中确定 t_0，则根据（11）式，可能得到 b 值，它对研究中子星的物质结构是个很有价值的物理参数。我们现在来估计 b 值的上、下限。考察自秦汉以来，关于古新星及超新星的记录（见席泽宗、薄树人，1965），在 PSR1931+16 方位范围中只有两次记载，一次在汉哀帝建平三年（公元前 4 年），另一次在公元 389 年（罗马 Cuspianus 的记录）。如果这颗脉冲星确是这些的产物，则它的年龄似应有 $t_0>1600$ 年，由此得到 b 的上限为 $b\leqslant1.6\times10^{-4}$ 年$^{-1}$。”[17]

斯蒂芬森于 1988 年在意大利召开的“日地关系和过去几千年地球环境”讨论会上报告说：“两颗假（spurious）新星进入了何丙郁（1962）和席泽宗、薄树人（1965）的表。这两个星的记载不见于 18 世纪朝鲜历史文献简编《增补文献备考》以前的史籍。XB84（1600 年）条引《增补文献备考》云‘李宣祖三十三年十一月乙酉客星见于尾，色黄赤，动摇；十二月丁未，太白犯客星于尾’。今查逐日有详细记载的《宣祖实条》，此年无客星记载；而金星和客星接近的记载，恰和宣祖三十七年（1604）关于开普勒新星的一致（1605 年 1 月 21 日），因此这条记录是《增补文献备考》的编者把材料排错了。XB88（1664 年）条也有同样的问题。这一年（李显宗五年）在《显宗实录》和《承政院日记》中都没有关于客星的记载，经文字核对，《增补文献备考》中的记载，恰是 1604 年至 1605 年《宣祖实录》中关于开普勒新星观测记录的缩写。1664 年和 1604 年相差 60 年，干支年名相同，都是甲辰，《增补文献备考》的作者，又把材料排错了年份。总之，1600 年和 1664 年都没有客星出现，它们的材料都是 1604 年超新星的错排。”[18]

参考文献与注释

[1] 王元、王绶琯、郑哲敏，“中国科学院数学、天文学和力学40年”，《中国科学院院刊》，1989年4卷4期，第283-296页。

[2] 席泽宗，“古新星新表”，《天文学报》，1955年3卷2期，第183-196页。俄译见苏联《天文学杂志》，1957年34卷2期，第159-175页。英译见 *Smithonian Contribution to Astrophysics*，1958年2卷6期，第109-130页，英译又见美国 *Soviet Astronomy*，1958年1卷2期，第161-176页。

[3] 竺可桢，“参加苏联天体演化论第四次会议的报告”，《科学通报》，1955年1期，第89-92页。

[4] 什克洛夫斯基（И. С. Шкловски），《无线电天文学》（Радиоастрономия），莫斯科，1955年；王绶琯等中译本，第170-173页。北京，科学出版社，1958年。

[5] Payne-Gaposchkin，C. H.，*The Galactic Novae*，279和274页，North Holland Publishing，Co.，1957。

[6] 李约瑟（Needham，J.），《中国科学技术史》（*Science and Civilisation in China*），Vol. Ⅲ，425和429页，Cambridge University Press，1959；科学出版社1975年中译本第四卷第二分册，607和619页。

[7] Struve，O. and Zebergs，*Astronomy of the 20th Century*，p. 349，New York，Macmillan Co.，1962。

[8] Minkowski，R.，*Paris Symposium on Radio Astroomy*，ed. by Bracewell，R. N.，pp.319-320，Stanford University Press，1959。

[9] Kiang，T（江涛），“*Recent Astronomical Research in China*”. *Sky and Telescope*，1977年54卷，第260-263页。

[10] 克拉克（Clark，D. H.）和斯蒂芬森（Stephenon，F. R.），《历史超新星》（*The Historical Supernovae*），Oxford，Pergamon Press，1977；王德昌、徐振韬等中译本，第44页，南京，江苏科学技术出版社，1982年。

[11] 西麦克（Simark，C. D.），《太空揽胜》（*Wonder and Glory—The Story of the Universe*），1969；成皋中译本，第117-118页，香港，今日世界出版社，1977年3版。

[12] Shen，C. S.，“*Pulsars and Ancient Chinese Records of Supernova Explosions*”，*Nature*，1969年221卷，第1039-1040页。

[13] Kiang，T.，“*Possible Dates of Birth of Pulsars from Ancient Chinese Records*”，*Nature*，1969年223卷，第599页。

[14] G. G. C. 帕伦博、P. 斯基沃·卡姆波、G. K. 迈利，“使用威斯特波克射电望

远镜对古代东方‘客星’射电遗迹的探测”，《天文学报》1980 年 21 卷 4 期，第 334-339 页。英文见 *Chinese Astronomy and Astrophysics*，1981 年 5 卷，第 162-167 页。

[15] Cowley，A. R. and Macconnell，D. J.，*Astrophysical Letters*. 1972 年 11 卷 4 期，第 217-218 页。

[16] Wang，Z. R.，“*Ancient Guest Stars as Harbingers of Neutron Star Formation*”，*The Origin and Evolution of Neutron Stars*（*Proceedings of IAN Symposium No.* 125），ed. by Helfand D. J. and Huang J. H.），pp. 305-318，Reidel，Dordrecht，1987。

[17] 沈良照等，“关于射电脉冲星双星的几点推测”，《科学通报》1976 年 21 卷 1 期，第 27-30 页。

[18] Stephenson，F. R.，“*Historical Supernovae*”，*Solar-Terrestrical Relationships and the Earth Environnent in the Last Millennia*，pp. 166-182，Soc. Italianadi Fisica，Balogna，Italy，1988。

〔宋正海、孙关龙、艾素珍：《历史自然学的理论与实践》，
北京：学苑出版社，1994 年〕

古代新星和超新星记录与现代天文学

一、天关客星遗迹——蟹状星云

曾经担任过美国原子能委员会主席的麻省理工学院教授魏斯科普夫说："在人类历史上有两个7月4日值得永远纪念。一个是1776年7月4日，美利坚合众国的成立；一个是1054年7月4日，中国天文学家记录了金牛座超新星的爆发，这次爆发产生了蟹状星云。"1054年7月4日相当于宋仁宗至和元年五月二十六日，中国古时用干支纪日，这一天的日名为"己丑"。《宋史·天文志》中记载着，这一天"客星出天关东南，可数寸，岁余稍没"。在马端临的《文献通考》（约成书于1280年）中也有同样的记载，但最后二字为"消没"，似乎更确切些。

《宋史·仁宗本纪》还有一段记载："（嘉祐元年三月）辛未，司天监言：自至和元年五月，客星晨出东方，守天关，至是没"。嘉祐元年三月辛未对应于1056年4月6日，从1054年7月4日到这一天共643

天。在这样长的时间里，这颗客星固守天关（金牛座ζ星）附近一直不动，不可能是彗星或太阳系里的其他任何天体，而是近代天文学中所讨论的新星或超新星。1921 年瑞典天文学家伦德马克编制《历史记录和近代子午观测所得的疑似新星表》时，首次把它列入其中，并且加了一个脚注“近 NGC 1952”，但没有把两件事联系起来（图 1）。

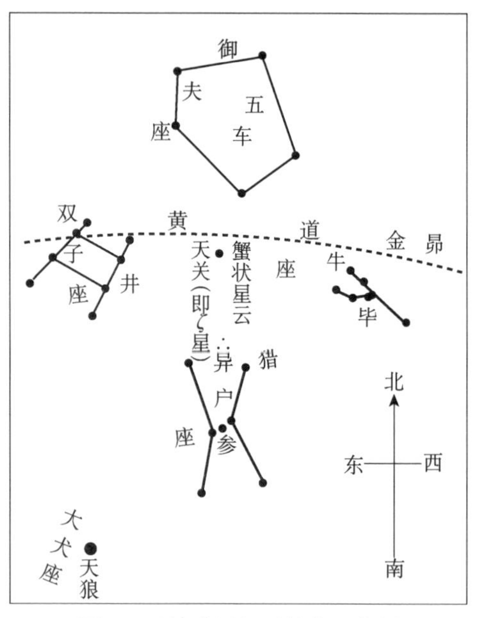

图 1　天关附近主要星宿示意图

NGC 1952 是蟹状星云在 1888 年出版的《星云星团新总表》中的号数，在最早的《梅西耶星团星云表》（1771 年）中则名列榜首，代号为 M1，并且说这个星云是英国医生贝维斯（J. Bevis）于 1731 年发现的。贝维斯是一位天文爱好者，他有自己的天文台，向皇家天文学会写过许多观测报告，友人曾经提名他当皇家天文学家，最后因爬楼梯而摔死，可以说是从事天文观测而殉难的一名烈士。在贝维斯逝世 80 多年以后，又有一位爱尔兰的天文爱好者——罗斯，他用自制的 1.8 米大型反射望远镜，对 M1 进行了几十年的观察，凭肉眼发现了这个星云中的纤维结构，并于 1850 年左右把它定名为蟹状星云（图 2）。

图 2　罗斯绘制的两幅蟹状星云图

蟹状星云的首张照片是罗伯兹于 1892 年在 0.5 米望远镜上拍摄的。1921 年邓肯将美国威尔逊山天文台用 1.5 米望远镜相隔 11 年拍的两张照片进行对比时发现，蟹状星云中的纤维物质都在从中心向外运动，这表明它在膨胀（图 3）。

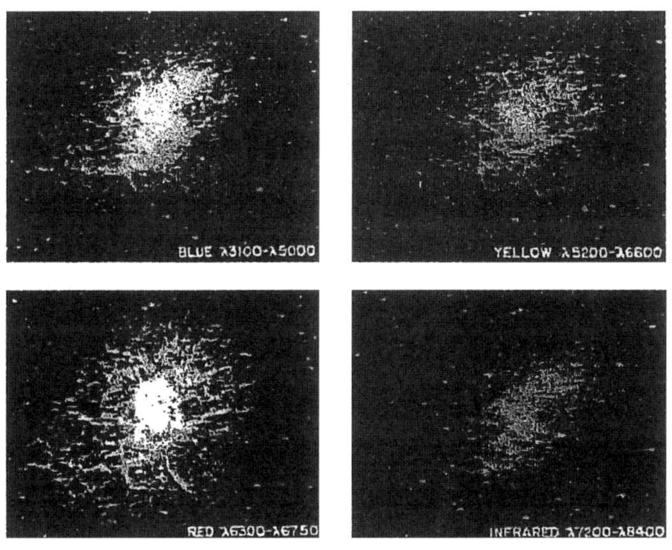

图 3　用不同滤光器在 2.5 米望远镜上拍的蟹状星云照片

注：左上，蓝色；右上，黄色；左下，红色；右下，红外

被誉为星系天文学之父的哈勃于 1928 年将邓肯的发现和伦德马克的论文联系起来，做了如下的判断：“蟹状星云可能是近到能够观测它的星云状物质的第三个新星。因为它膨胀得很快，按照这样的膨胀速度，只需要大约 900 年，就可以达到现在这样的大小。因为古代的天象记录中，在蟹状星云附近只有一次新星出现的记载，这次记载发现于中国的

编年史中，这一年就是1054年！”1928年“超新星”概念还没有出现。把超新星和新星区别开来，是从1934年巴德和兹威基向美国国家科学院提交的一篇论文开始的，到现在才60多年。哈勃所指的另外两个具有星云状物质的新星是1901年英仙座新星和1918年天鹰座新星，这两个新星周围的星云都在膨胀。

在哈勃思想的影响下，美国利克天文台的梅耶尔和荷兰天文学家奥尔特、汉学家戴闻达联合攻关，于1942年发表了他们合作研究的结果。戴闻达从《宋会要》（成书于1081年）中找到一条重要资料：

> 嘉祐元年三月，司天监言：“客星没，客去之兆也”。初，至和元年五月，晨出东方，守天关，昼见如太白，芒角四出，色赤白，凡见二十三日。

太白即金星，太白昼见在中国史书中记载很多，1874年12月8日金星凌日之前的4天内皆可昼见，当时的视星等为−3.3；因此可以假定视星等为−3.5的天体，只要观测者知道它的位置，白天均可看见。利用这一数据，再加上前面所引《宋史》中的两条数据，便可画出天关客星的光变曲线（图4）。结果发现这条曲线和1937年8月出现在河外星系IC 4182中的超新星的光变曲线惊人地一致，因此1054年的中国客星应该属于超新星。

除了光变曲线相似外，梅耶尔又想出了另一个考察绝对星等的办法。他对蟹状星云进行了大量的光谱分析。由于蟹状星云在膨胀，它的光谱线就都分裂成两条。测量分裂的宽度，根据多普勒效应的公式，就可以算出它膨胀的线速度。把线速度和从照片上测量出来的角速度结合起来，就可以求出蟹状星云的距离。把这个距离和1054年客星出现时的视星等结合起来，得到这颗客星爆发时的绝对星等为−16.6，比当时从几个河外星系中的超新星所得到的平均绝对星等（−14.3）还要大，这就更进一步证明了它是超新星。太阳的视星等为−26.7，但若把它放在标准距离处（32.6光年），其绝对星等只有4.8，比1054年的超新星暗21个星等，也就是说 1054 年超新星爆发时，发光本领比太阳大 5 亿倍，把它移近到天狼星的位置上（7.8 光年）也还有满月那样亮！

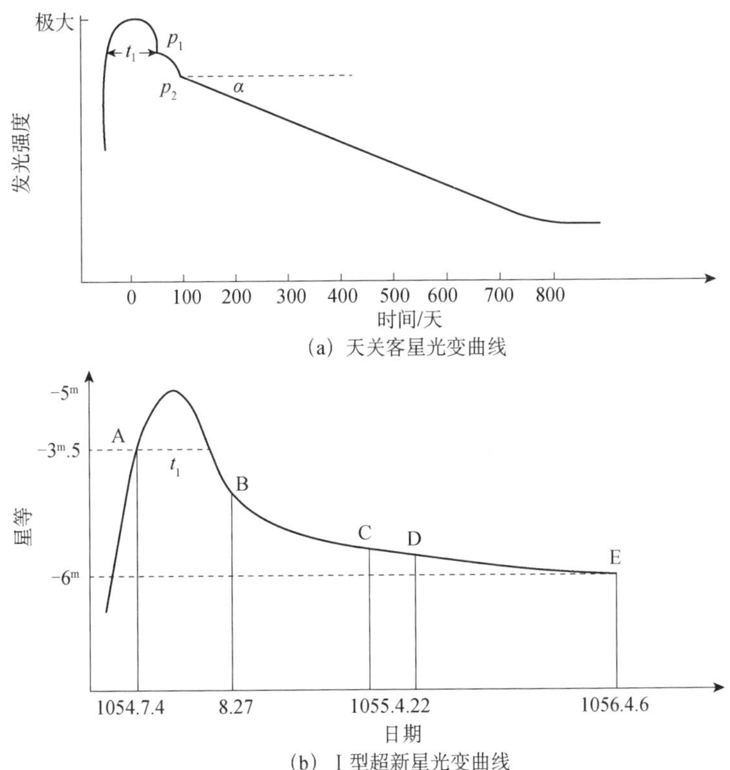

(a) 天关客星光变曲线

(b) Ⅰ型超新星光变曲线

图 4　根据中国记录所绘天关客星光变曲线和Ⅰ型超新星光变曲线的比较

注：t_1=50 天，p_1 和 p_2 之间有隆起，p_2 之后星等随时间的变化几乎是线性的

不但 1054 年超新星爆发时，它的辐射本领比太阳大，就是它的遗迹——蟹状星云——现在的辐射也比太阳强得多。假如有一天，我们能用眼睛接收无线电波的话，那么在天空看到的将有好几个太阳，蟹状星云就是其中之一。1949 年以来人们用射电望远镜对蟹状星云在所有无线电波段（从米波到毫米波）上的辐射强度进行了测量，结果发现它的强度和波长之间的关系不能用黑体辐射定律来解释。所谓黑体就是一个内壁涂黑（刷白也行）的空腔。把黑体加热到各种不同温度，用摄谱仪拍摄从黑体发出来的连续光谱，测量不同波长的辐射强度，就可以得到各

种温度下的连续光谱的强度曲线。然后，将天体的连续光谱曲线拿来与这些曲线进行比较，就可以得到该天体的表面温度。我们说太阳表面温度有6000℃，就是这样得来的。黑体辐射定律反映的波长与温度的关系，应该适应于电磁波所有波段；但把它用来解释蟹状星云的无线电辐射时却发生了问题。要发射这样强的无线电辐射，它的温度需要在50万℃以上，但这是不可能的。1953年苏联天文学家什克洛夫斯基提出，蟹状星云的辐射不是由于温度升高而产生，即所谓热致辐射；而是另有机制，这种机制叫作“同步加速辐射”（图5）。在高能物理研究中，常用同步加速器加速粒子，当粒子加速到接近光速时，就会产生辐射。什克洛夫斯基认为，蟹状星云就是一个庞大的天然同步加速器，速度非常高（接近光速）的电子在它里面绕着磁力线一面做螺旋式运动，一面放射出电磁波。他预言，这种辐射的特点之一是具有很强的偏振性，偏振方向与磁力线的方向互相垂直。果然不出一年，他的预言就被许多观测证实。根据光波和无线电波的偏振强度求出蟹状星云的平均磁场强度为万分之一高斯。这虽比地球表面的平均磁场弱很多，但比它周围星际的磁场却高出100倍，正是靠这万分之一高斯的磁场改变了蟹状星云电磁辐射的面貌。

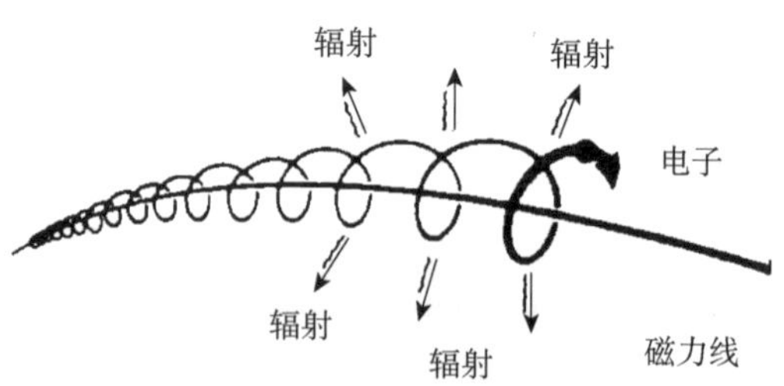

图5　同步加速辐射示意图

有人引用丘吉尔的名言说，蟹状星云是个“包藏在秘密之中的秘密的秘密”，解决了一个问题又会产生一个问题。什克洛夫斯基的理论解决了它的辐射机制，但是马上有人问：其中的磁场是怎样产生的？那样多高能电子是从哪里来的？霍伊尔和伯比奇等大天文学家都做出过回答，但都难以令人信服。比较满意的答案却来自一次偶然的发现：蟹状星云中央有个脉冲星，它可以源源不断地提供高能电子流，磁场的产生也与它有关。这次发现获得了 1974 年的诺贝尔物理奖，是天文观测第一次获得这样崇高的荣誉，值得多说几句。1967 年英国剑桥大学设计了一架由 2084 个全波偶极天线组成的大型射电干涉仪，整个天线摆成一个长方形矩阵，南北长 45 米，东西宽 470 米，占地面积 2 万多平方米，在 81.5 兆赫（相当于 3.7 米）的波段上，进行每周一次的巡天观测，目的是研究射电源的闪烁现象。可是，在 10 月的一天，突然发现在天空某个固定的方向（狐狸座当中）出现了一种意外的讯号——周期短促而精确的射电脉冲。几个月之后，通过对大量记录的分析，才了解到早在 8 月 6 日（仪器投入使用后仅一个月）就已经记录到这样的讯号了。这种讯号非常有规律，每隔 1.337 秒跳动一次，也就是说发生一次脉冲，两次脉冲之间的时间间隔叫作脉冲周期，一次脉冲持续的时间叫作脉冲宽度，这种天体叫作脉冲星。其后，在短短几周时间内，又接连发现了三个同类的天体。1968 年 2 月 24 日休伊斯和贝尔等在英国 *Nature* 杂志上公布了这一结果后，立即引起了国际天文界的轰动，到 1968 年底在短短的 10 个月时间内，有关论文就发表了一百多篇，使脉冲星的数目增加到 23 个，蟹状星云中心脉冲星的发现就是其中之一。

蟹状星云脉冲星虽然不是第一个被发现的，但在脉冲星研究的过程中却起了举足轻重的作用。第一，直到 1982 年以前，它是周期最短的脉冲星，只有 0.033 秒；第二，迄今为止，在所有电磁波段上（包括 X 射线和 γ 射线）都能观测到脉冲现象的只有它和船帆座的另一个脉冲星，但那个脉冲星的光学亮度很暗，只有蟹状星云脉冲星的万分之一，很难观测。蟹状星云脉冲星的光学脉冲则测量得非常准确（图 6），而且是人们早已拍过照片的一个天体，原来人们以为它是一颗白矮星。如果脉冲周期是由于白矮星的自转引起，它的周期不能小于 1 秒，而蟹状星云脉冲星的周期只有 0.033 秒，相差太大。因为一个物体自转时会产生离心力，自转速度愈快离心力愈大。离心力能使物体碎裂，一个机器上的木轮子，旋转得太快，会被甩散，但若换成铅球，则很难散裂开来，这和物质本身的密度有关系。白矮星的密度虽然很大，每立方厘米有几千克到几十吨重，但自转周期如果小于 1 秒，也会碎裂。于是就有人想起 20 世纪 30 年代已经有人预言过的密度更大的中子星。

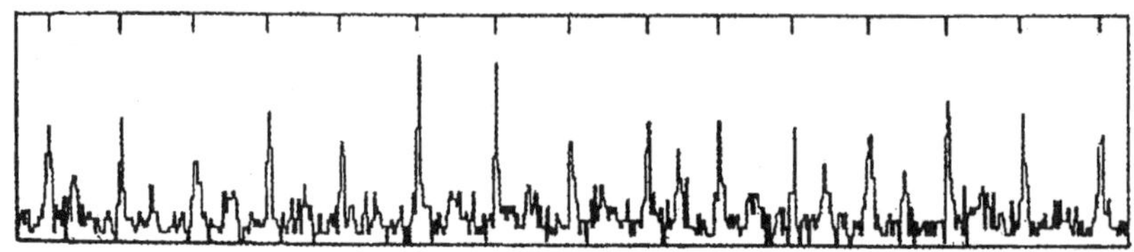

图 6　蟹状星云脉冲星光学脉冲记录，各次主脉冲之间准确的时间间隔为 0.033 秒

中子星几乎全部由中子组成，它的密度和原子核接近，可以达到每立方厘米 1 亿吨以上，这样高的密度可以使它的磁场强度高达 1 万亿高斯。这样强大的、迅速自转的磁体，在它的南北两个磁极不断地向外发射电磁波束，当电磁波束扫向地球时，我们就看到了脉冲现象，所扫过的时间，便是一次脉冲的脉冲宽度。这个理论很好地解释了已经观测到的现象，并肯定了一种恒星演化理论：超新星爆发时，气体外壳被抛射出去，形成超新星遗迹，例如蟹状星云；而内部核心却迅速坍缩，或形成白矮星，或形成中子星，或形成黑洞，这要由原来恒星质量的多寡来决定。目前已观测到了白矮星和中子星两种结果，黑洞正在搜索之中。中子星，只有在它的磁轴方位合适时，才能表现为脉冲星，被我们观测到。

中子星处于恒星演化的晚期阶段，它的内部已经没有热核反应，而它的能量又大得惊人，每时每刻一颗中子星辐射的能量等于几十万个太阳的辐射。这样大的能量消耗，只有靠自转速度的变慢，即动能的减少来补偿，因为它自身也要服从能量守恒定律。自转速度变慢就意味着脉冲周期变长，第一个被观测到自转周期变长的中子星，又是蟹状星云脉冲星（图 7）。美国普林斯顿大学一个小组用了 5 年时间，才测出它的变化，这个数量很小，只是 4.2×10^{-13} 秒/秒（用“秒/秒”为单位表示每秒钟内增加若干秒）。用这个数值来除脉冲周期，再用 2 来除，就可以得到它的年龄，约为 1000 年，这又和 1054 年的记录基本一致。

不过，在这里得补充一句，蟹状星云和它的脉冲星，真正年龄不止 940 年，而应加上光线从它那里来到地球所走的距离 6300 光年。年龄和寿命还不是一回事，脉冲星的平均寿命大约为 400 万年，如果把它比做百岁寿星，那么蟹状星云和它的脉冲星才是一个刚刚出生两个多月的婴儿！

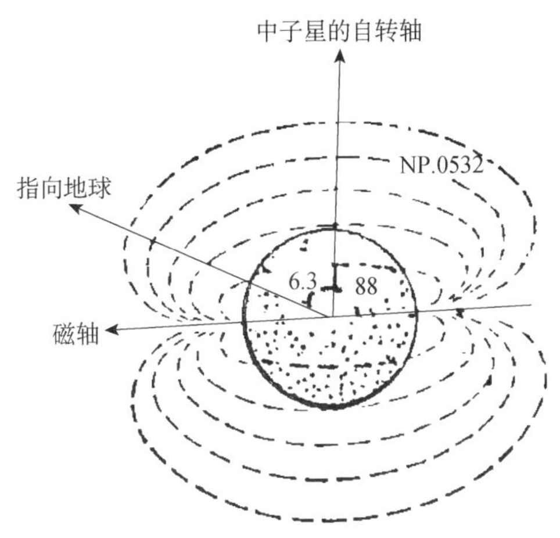

图 7　蟹状星云脉冲星迅速自转模型

人们经常引用英国皇家学会会员、曾经担任过美国国立基特峰天文台台长和《天文学与天体物理学述评》主编的伯比奇的话，把当代天文学研究等分为蟹状星云的研究和对其他天体的研究。这话虽有点夸大，但也确实突出了蟹状星云在天文学中的特殊地位。可能除了太阳以外，没有一个天体能像蟹状星云产生出如此多的新理论，并这样快地提供如此众多的观测手段来检验这些理论，本文所述只是它丰富多彩的认识史上的一些片段。现在要问，蟹状星云是不是独一无二的样本？20 世纪 70 年代以前确实如此。70 年代开始发现，尚有一些超新星遗迹和蟹状星云类似，因而出现了“类蟹（crab-like）遗迹”这样的术语。目前大约有十几个超新星遗迹属于此类，而与它最为相似的一个则在大麦哲伦云内，离 1987A 超新星位置不远的地方，它的脉冲周期为 0.050 秒，有人称它为蟹状星云的双胞胎。这个天体虽在银河系之外，比蟹状星云远 28 倍，但已观察到了它的光学脉冲，并且在光学波段和 X 射线波段观测到了周围的云状物。对这些类蟹遗迹的研究也许比进一步研究蟹状星云本身会带来更多的对自然界的了解。自然界的奥秘是无穷无尽的，人类认识这些奥秘的能力也是无穷无尽的。

二、超新星遗迹的证认

1989年中国科学院院士王元、王绶琯、郑哲敏在总结《中国科学院数学、天文学和力学40年》时指出：

> 50年代以来，通过我国（兼及一些其他国家）古天文资料的整理和分析，使现代所得的一些天文现象的研究得以大幅度“向后”延伸。这种“古为今用”的方法受到广泛重视，其中如利用古新星记录证认超新星遗迹并判定其年龄，曾引起很大的反响。

利用古新星记录证认超新星遗迹的工作，在中国开始于席泽宗的《古新星新表》。关于此文的形成过程，中国科学院副院长竺可桢于1954年11月28日在中国天文学会、中国气象学会和中国地理学会联合举行的报告会上说：

> 上月我到莫斯科参加苏联天体演化学第四次会议，这次会议主要讨论变星问题。会议于10月26日下午6时在苏联科学院主席团会议室开幕……第一天晚上论文读毕以后，我应主席阿姆巴楚米扬院士的邀请，对莫斯科大学天文学教授什克洛夫斯基所提出的关于《超新星和射电天文学》的报告发了言……什克洛夫斯基教授为了证实超新星的爆发、射电源与蟹状星云三者的密切关系，为了说明白矮星是超新星爆发后所剩下的物质和超新星爆发时所抛出的物质即是星际物质，便需要了解约在1000年以前在金牛座是否有超新星爆发的详细记载。为此，苏联科学院天文史委员会主席库里考夫斯基曾经写信给中国科学院，希望在我国天文记录中找一找是否

有类似的记载……1953 年 11 月间，我们接到库里考夫斯基来信之后，曾请我院席泽宗同志用了半年时间，搜集了我国历史上关于新星的记载。在搜集过程中发现，我国历史上所记载的客星为数甚多……什克洛夫斯基要我们查的另外 4 个新星的方位和年代，我们也找到了其中 3 个，此外并找出可能是超新星或新星的 41 个记载。已由席泽宗同志概略地算出它们的银经、银纬。由于这些记载可以提供新星、超新星研究上的新材料和助证，因而引起到会同人们的极大兴趣。

莫斯科大学射电天文学研究室主任什克洛夫斯基于 1955 年在其《无线电天文学》一书中首先对席泽宗的工作做出了评论：

不久前，为了证实新星爆发的发现，我们请求中国科学院研究中国的史书。中国的同志亲切地答应了我们的请求，现工作刚开始，我们暂时只有初步的结果。中国天文工作者席泽宗特别从事研究这个问题，不久前寄给我们一系列的重要的古代史料……由于历史的考察，我们大大地离开了本书——无线电天文学——的主要题目，但是这并不有害。想一想似乎是彼此离得这样远的事件与事实之间存在怎样的关系是有益处的。建筑在无线电物理学、电子学、理论物理学和天体物理学的“超时代”成就的最新科学——无线电天文学——的成就，和伟大中国的古代天文学家的观测记录联系起来了。这些人们的劳动经过几千年后，正如宝贵的财富一样，把它放入了 20 世纪 50 年代的科学宝库。我们贪婪地吸取史书里一行行的每一个字，这些字的深刻和重要的含义使我们满意。

美国哈佛大学天文学教授佩恩-加波施金（C. Payne-Gaposchkin）在其专著《银河新星》（*The Galactic Novae*）（1957）中说：

席泽宗的《古新星新表》发表得嫌晚了一点，来不及编入本书的附录二。他认为 185 年、396 年、437 年、827 年、1006 年、1054

年、1181 年、1203 年、1230 年、1572 年和 1604 年观测到的星为超新星；他取消了什克洛夫斯基（1953）以及什克洛夫斯基和巴那拿果（1952）将 369 年的天体和仙后座强射电源（CasA）的成协证认，因为位置不对。

又说：

奥皮克（Opik，1953）认为我们银河系超新星的爆发频率“一个好的估计”可能是每 30 年一次，席泽宗（1955）导出为每 150 年一次。

英国伦敦皇家学会会员、曾任国际科学史和科学哲学联合会科学史分部主席的李约瑟博士在其《中国科学技术史》第三卷（1959）中指出：

伦德马克（1921）的重要论文已被席泽宗（1955）的代替，新表比旧表优越……这一值得欢迎的工作的首次成功，已由席泽宗的论文加以报道。什克洛夫斯基认为有 6 个“中国新星”是射电源，席泽宗只认可了其中的 4 个，而修正了另外 2 个。另外，他又增添了 11 个新星，它们的方位和目前研究中的射电源很接近。

伏隆佐夫-维里亚米诺夫于 1960 年在苏联《天文学通讯》第 211 期上说：

当我们根据 Abell 的表研究帕洛玛天图上行星状星云的图形时，我们的注意力被 3 个天体所吸引。由于其巨大的体积和结构，它们不像是行星状星云，而是典型的超新星爆发产生的星云的气体部分，因而我们把这几个特殊的星云授以专门名字：水母状星云（Abell 表 No.16）、半月状星云（在 Abell 表中没有）和半椭圆状星云（Abell 表 No.72）。水母状星云：$7^h23^m.5$，+23°27′（1900），l=173°，b=+16°，根据席泽宗的表，在这附近有两次超新星爆发的记载，他估计出的坐标都是：l=176°，b=+13°，到底是哪一个，有待进一步研究……半月状星云：$1^h24^m.2$，+57°50′（1900），l=96°，b=−4°，在席泽宗的表中，离这很近的地方，也有两次超新星爆发记录：722年“客星见阁道旁，凡五日”，席定出其位置为l=97°，b=−1°；902年“客星如桃……明年犹不去”，l=97°，b=−6°。因此，以上两个星云都和最可靠的超新星记录吻合，而水母状星云又和射电源2C653相差不到1°，承认它们是超新星爆发的遗迹，应该没有多大问题。……半椭圆状星云：$23^h54^m.1$，+61°54′（1900），l=85°，b=0°，在它附近尚未有射电源发现，不过它可能被最强的射电源仙后A掩盖了……按照伦德马克的表，在这个位置上有两次记录（945年和1264年），但在席泽宗的表中把这两次都排除了，在他的表中和这星表位置接近的有4次记录：722年、725年（l=93°，b=+8°）、902年和1181年（l=95°，b=+9°），可见期186日。

美国科学院院士、曾任国际天文学联合会主席的斯特鲁维（O. Struve）和泽伯格斯（V. Zebergs）于1962年合写的《20世纪天文学》中说：

这些推理使得什克洛夫斯基认为仙后A和中国编年史中记载在369年3月出现在仙后座的“异星”一致，该星到同年8月才不见。根据伦德马克的旧表，这个异星可能是新星或超新星，它亮到-3^m。但是中国天文学家席泽宗对这一证认提出了怀疑，什克洛夫斯基于1960年在苏联《天文学杂志》37卷958页上发表的一篇文章也接受了美国天文学家闵可夫斯基（R. Minkowski）的年代断定。闵可夫斯基在考虑了席泽宗的意见和其他的因素以后，于1958年在巴黎射电天文学会议上把这次超新星爆发改定在公元1700年左右。

普斯考夫斯基于1963年在苏联《天文学杂志》第40卷第4期上发表论文说：

为了证实谱指数和绝对射电星等之间的关系，最好观测较古的仙后 B 型超新星遗迹，但是这种遗迹的射电辐射现在都很弱，只有爆发在太阳附近时才有可能观测到。和射电源 CTA-1 相联系的星云是这样一个遗迹，D. Havvis 把它归入仙后 B 型，根据其网状尺寸所定的距离为 100～150 秒差距，在爆发时的最大目视星等为-8^m；按仙后 B 型的光变曲线判断，此星在爆发时约有两年可以看见。事实上，在这一天区的这样一次爆发被记录下来了。据席泽宗《古新星新表》，在《文献通考》中载有："唐天复二年（902）正月客星如桃，在紫宫华盖星下……明年犹不去。"但是席泽宗指出的区域，不应和华盖相联系，而应和阁道（仙后座 5 颗亮星）相联系。他没有考虑到中国的正月相当于现在的 2 月，冬季黄昏仙后座正处在上中天，"华盖下"意味着仙后 Ψ星和 ω 星西北方向少星的区域，这正是 CTA-1 所在的仙后座和仙王座之间的区域。

1965 年，席泽宗和薄树人在《古新星星表》的基础上，重新编撰了《增订古新星新表》。

海德堡天文研究所布洛什博士于 1967 年在德国《恒星与宇宙》第 8～9 期上认为，席薄表的 No. 83 所述朝鲜记录"宣祖二十五年十一月丁巳（1592 年 12 月 4 日）客星见于王良西第一星之内，至二十六年二月丁亥（1593 年 3 月 4 日）后不见"，可能即是产生射电源仙后 A 的超新星爆发记录。次年（1968）汉城（今首尔）国立大学朱义顺在《韩国天文学会志》创刊号上发表的论文也持有相同的观点。

台湾清华大学校长、天文学教授沈君山于 1969 年在英国《自然》（*Nature*）杂志撰文说：

蟹状星云附近周期为 0.033 09 秒而在变长的脉冲体的发现，以及较早在船帆座超新星遗迹（Vela X）附近观测到的另一周期较短的脉冲体 PSR0835-45，似乎支持这一观点；脉冲体和超新星爆发的最终产物相联系，可能就是中子星。当中子星年轻时，脉冲周期最短，以后逐渐变长，最后延长到 1 秒左右。为了验证这一假设，就要寻找更多的与已知年龄的超新星成协的脉冲体。毫无疑问，无线电天文学家已在其他两个众所周知的历史超新星（1572 年第谷新星和 1604 年开普勒新星）的位置上开始寻找脉冲体。而考察古代东方记载的疑似超新星事件，可以提供更多的候选者……我已根据何丙郁（1962）和席泽宗（1955）的表，选取其中亮于-5^m的疑似超新星爆发事件做了研究，现将结果列于表 1 中[①]，并对表中所列的星作以下说明。

沈君山共选了 4 颗星，分别爆发在 185 年、396 年、437 年和 902 年。这年年底，他在《中国古代天文记录和现代天文的关系》一文中提出：

要鉴定一颗超新星，应当以爆炸时的光度和其后的变化为主，至于和无线电波源位置的对照，顶多只可算一个旁证。

根据他本人的判断，列出 9 个可能是超新星的变星记录，除了已证认的 1006 年、1054 年、1572 年、1604 年和上述 4 颗外，又加了 837 年的记录。同年，江涛也就同一问题在英国 *Nature* 杂志发表文章。他说：

到写文章时为止的已知的 26 个脉冲体最可靠的位置数据收集在表 1 中。关于中国新星观测的资料，我们有非常宝贵的席泽宗的表（the invaluable list by Hsi Tse-Tsung）以及他和薄树人的修订本。这两个表将分别以 Hs 和 XB 表示。我们所用的资料包括 XB 中的全部 90 项，再加上 Hs 的 16 项（这 16 项在 XB 中没有），再加上何丙郁表中的少数。何表以 Ho 表示，在 Ho 中所取的几项，在 Hs 和 XB 中都没有。由于中国史书中关于位置的叙述不够精确和有时很含糊，我采取了以下步骤。

① 引文中表 1、表 2 略，下同。

1969 年美国西麦（C. D. Simark）在《太空揽胜》一书中写道：

现在明白，作为古代天空的看星者，东方天文学家要比欧洲天文学家高明得多。1965 年有两位中国学者，用中文发表了一篇论文，现在已有英译本，他们对中、朝、日三国天文学家著作里所说的“客星”加以研究。因为对天空的描述许多时候都很含糊，又因为古时作者不像现在那样要求精确，所以要从那些观察文字中拣出无可争辩的代表新星或超新星来，这份工作也就异常困难。最后，这两位中国学者从书上差不多 1000 次观察中，认为 90 次可能是新星或超新星，其余的报道或则显然是彗星，或则属于可疑身份。说来奇怪，殷墟发掘出来的甲骨，公元前 14 世纪刻在牛骨上的文字，一种最粗简的记录，倒有两项观测，可以承认是新星或超新星的。最近可以接受的一次观察也是来自中国，那是 1690 年 9 月 29 日写的。从这些记录看，在过去 2000 年中，似乎可能有多至 14 颗超新星在我们的银河系里闪耀起来，这和每 300 年发生一次超新星爆炸的估计，不无出入的地方。

1972 年美国密歇根大学天文学家考莉（A. P. Cowley）和麦克考内（D. J. MacConnell）在《天体物理学通讯》上发表文章说：

自从几个已知的 X 射线源和超新星遗迹对应上以来，我们决定比较“自由”（Uhuru）号人造卫星测得的 X 射线源位置（Giacconi et al., 1972）和已知的超新星遗迹，以及古代客星记录的位置……古代客星的近似位置有几个来源，我们用的原始资料是席泽宗（1955）的表……从席的表中，我们找到了 6 个与 X 射线源相距在几度以内的客星（表 2）。由于东方记录所叙述的星的位置很大的不准确性，难以肯定这些对应。在某些场合，赤经和赤纬最近是 10^{m} 和 5°，有些最近仅提供出赤经 1^{h}，因此表 2 所列只是可能有关。

北京天文台研究员沈良照1976年在《科学通报》上发表文章说：

如果能从古籍中确定 t_0，则根据（11）式，可能得到 b 值，它对研究中子星的物质结构是个很有价值的物理参数。我们现在来估计 b 值的上、下限。考察自秦汉以来，关于古新星及超新星的记录（见席泽宗、薄树人，1965），在PSR1931+16方位范围中只有两次记载，一次在汉哀帝建平三年（公元前4年），另一次在公元389年（罗马Cuspianus的记录）。如果这颗脉冲星确是这些的产物，则它的年龄似应有 $t_0>1600$ 年，由此得到 b 的上限 $b\leqslant 1.6\times 10^{-4}$ 年$^{-1}$。

爱尔兰丹辛克天文台副台长、Pergamon英文版《中国天文学和天体物理学》杂志主编于1977年10月为美国《天空与望远镜》杂志撰文评述中国天文学成就时说：

对西方科学家来说，发表在中国《天文学报》的所有论文中，最著名的两篇可能就是席泽宗在1955年和1965年关于中国超新星记录的文章。

前一篇即《古新星新表》，后一篇即他与薄树人合写的《中、朝、日三国古代的新星记录及其在射电天文学中的意义》。

英国天体物理学家克拉克（D. H. Clark）和天文史学家斯蒂芬森（F. R. Stephenson）于1977年合著的《历史超新星》中说：

有可能是新星和超新星的第一个现代星表是席泽宗（1955）编的。它包括有90条主要是从中国和日本的史料中得到的记录，最迟到公元1690年。对每颗星都有完整的说明和参考文献，还有估计的坐标以及用图表示的在银河系内的分布。席泽宗对伦德马克的某些选取做了批评，但他自己的表也是很不可靠的。孛、彗和客星都包括在表中，几乎随处可见。一些星被标作超新星没有什么根据。又把几对星与可能的再发新星联系起来，而不管它们的位置在记录

> 下来时仅仅是近似的。美国哈佛–史密松森天体物理中心把席泽宗的星表翻译出来，译得很好。然而使用这个译本时也应注意，其中孛星被译成了“sparkling star”（发火花的星）。最近，在薄树人的协助下，席泽宗（1965）修订了他以前的星表。这次查阅了朝鲜和越南的历史，总共还是 90 颗星列成一表，最迟到公元 1690 年。然而这篇文章和以前的一样，使用时必须谨慎。很明显，杨（Yang，1966）的节译比美国国家航空航天局很差的翻译好多了。

杨的节译发表在美国《科学》（*Science*）杂志第 154 卷第 3749 期上，美国国家航空航天局的翻译为单行本。

1978 年北京天文台台长李启斌教授将《明实录》中记载的“永乐六年（1408）冬十月庚辰夜，中天，辇道东南有星如盏，黄色，光润而不行”和中国科学院北京天文台主编的《中国古代天象记录总集》收集起来的其他 8 项有关资料结合起来研究，断定这是一次超新星爆发，而它的遗迹可能就是黑洞的候选者、X 射线源天鹅 X-1。李的文章在《天文学报》19 卷 2 期上发表以后，引起很大的轰动。接着，江涛等人于 1980 年在英国《天文学史杂志》上发表文章，认为同年 7 月 14 日日本的记载可能是同一事件，从而使这次爆发的可见日期长达 102 天，这就增强了李启斌说法的可靠性。但是由于对“辇道东南”的理解不同，1981 年斯托姆（R. G. Strom）等认为这次爆发的遗迹应该是射电源 CTB-80，而不是天鹅 X-1。1984 年汪珍如和谢瓦德（F. D. Seward）重新分析了从爱因斯坦卫星上得到的 CTB-80 的图像，认为应该是 CTB-80；1991 年李启斌也认为把这次客星记录证认为 CTB-80 更合理些。

荷兰天文学家帕伦博（G. G. C. Palumbo）、迈利（G. K. Miley）和意大利天文学家斯基沃·卡姆波（P. Schiavo Campo）于 1980 年发表联合观测报告：《使用威斯特波克射电望远镜对古代东方“客星”射电遗迹的探测》。报告说：

> 这项工作的原意是想根据对席泽宗和薄树人（1965）编制的 90 颗古新星表（简称 XP）中选出来的一些客星提供附加的观测资料。

这份古新星表是根据中国、朝鲜和日本的历史记录细心排除彗星和正常变星后编制成的。根据这份表，我们挑选出如下天体并使用威斯特波克射电望远镜在610兆赫频率上进行观测，每次视场区为$6^{m}\times15^{m}$（即$1^{\circ}.5\times3^{\circ}.75$）。选择的条件是：①爆发增亮在1个月以上者；②尚未与射电源证认者。观测结果是：在7个（XP83、24、27、86、46、10、69）已经观测过的视场中没有找到任何一个存在弥漫非热射电辐射的证据，但是考虑到克拉克和斯蒂芬森（1977）的工作，未找到弥漫非热射电辐射不是结论性的，我们还不能排除席泽宗和薄树人列出的“客星”与银河系超新星成协的可能……在席、薄给出的客星位置周围合理地覆盖安全误差区的完整巡天观测，虽然是很费望远镜时间的，而且还要努力进行资料处理工作，但是为了要证实或否定一颗超新星与一颗“客星”成协，这种观测大概是必要的，这样一种完整的探测是应该受到鼓励的。

1983年中国科学院自然科学史研究所刘金沂在《公元1181年超新星及其遗迹》一文中对爆发于1181年的客星记录进行了分析和证认。他根据已被席泽宗等人多次引用过的中国和日本史料和他新发现的来源于《文献通考·象纬考》的资料，确定此客星出奎宿，守传舍第五星，亮如土星，可见期为180天以上。进一步证认传舍第五星系仙后座内的GC 2379，即BD+63°.265，射电源3C58正在它的附近，从其位置、性质、年龄三方面都可证明3C58系1181年传舍客星爆发所形成，从而证实了3C58是银河系内又一个超新星遗迹。刘金沂在文章最后提出，历史上所记录的客星事件，有些记载虽然没有说明是如何激烈和耀眼，可见期也不是太长，但它们的本质可能是很激烈的超新星爆发，只是因为距离遥远所以如此。因此，在考证历史上的超新星事件时，对于那些暗的和可见期短的记录也不应忽视。过去斯蒂芬森等人提出以6个月可见期作为历史超新星的判断根据，看来这只是一个充分条件，并不是必要条件。此外，历史上有些超新星由于距离遥远，爆发后形成的遗云不易观测到，可能是由于巨大的膨胀速度和漫长的岁月已使形成的遗云消失于太空。因此，对于超新星遗迹的证认，不必一定要找到光学对应体或星云状物质等。同年在香港大学召开的第二届中国科学史国际讨论会上刘金沂提出了四维证认法，即现代观测到的超新星遗迹如在赤经、赤纬、距离、年龄这 4 个参数上与古代超新星记录相一致，则可认为二者同一。

1985 年，南京大学天文系教授汪珍如等在国际天文学联合会第 19 次大会联组讨论会上作了《中国客星和超新星遗迹之间的某些证据》的报告，论证了从公元前 14 世纪至公元 17 世纪的 7 项客星记录（公元前 532 年、公元前 134 年、公元前 48 年、125 年、421 年、1408 年、1523 年）和现今观测到的超新星遗迹的关系。

1987 年，汪珍如在国际天文学联合会召开的“中子星的起源和演化”讨论会上报告说：

> 在中国历史书中有许多古代客星（AGS）的记录。席泽宗（1955）、席泽宗和薄树人（1965）编了两个表，列出从公元前 1400 年到公元 1700 年间观测到的 90 个可能是新星或超新星的记录。克拉克和斯蒂芬森（1977）、何丙郁（1962）、神田茂（1935）也收集过或多或少的类似的记录，其中 80%的材料来自中国。以下将根据这些材料进行讨论。

汪珍如在这篇文章中讨论了 8 个 AGS 与射电源的关系，其中 7 个已见 1985 年文，另 1 个为 437 年。同年，她在《两个伽马射线源和古代客星》一文中又证认了伽马射线源 2CG353+16 和 2CG054+01 与公元前 14 世纪和公元 1230 年两项古代天象记录的关系。她的这两项证认，遭到黄一农的反对，她进行了答辩。对于甲骨文记载的公元前 14 世纪新大星目前已演化成为一个伽马射线源 2CG 353+16 这一论点，她的主要根据是：

（1）该新大星出现的位置与伽马射线源 2CG 353+16 的位置相合。

（2）2CG 353+16 离开地球的距离比目前已知的所有历史超新星都近得多，因此，它在公元前 14 世纪的爆发可以想象是十分壮观的，容易为当时古人所发现和重视并加以记录。

（3）2CG 353+16 与现有公认的年轻超新星致密型遗迹——蟹状星云脉冲星和船帆座脉冲星类似，都是目前几个最强的伽马射线源之一。李启斌于 1987 年在德国举行的中德高能天体物理会议上作了题为《历史新星与超新星的新研究》的报告，他用模糊数学的方法筛选有关的历史记录，对 26 项观测时间间隔较长或亮度较大的观测记录采用加权处理的办法得出以下结果：1604 年、1572 年、1054 年、1006 年和 185 年的记录权数很大，无疑是超新星；1408 年、393 年、483 年、1087 年、1181 年、1244 年、1248 年和 1431 年的“成员资格”处于中等水平，有可能是历史超新星。

与此同年，台湾清华大学历史研究所黄一农教授发表了《汉昭帝元凤五年烛星——历史上最亮的一颗新星？》一文，对我国史籍上唯一出现的“烛星”记录提出质疑，通过分析得出“汉昭帝元凤五年四月之烛星未必为一稀有之天文事件，由其可见期与运动判断，或为一轨迹平行于视线之大流星”的结论，由此否定了元凤五年烛星系新星或超新星的说法。

黄一农继而于 1989 年发表了《中平客星新释》一文，提出以下看法：

> 东汉灵帝中平二年（185）发现的一颗客星，目前大家均认定为我们银河系最早书于史的超新星，然而对原始记载的重新研究显示过去对其中许多关键用语的诠释都可能掌握得不够确切，此一客星最合理的解释实应为彗星。

他援引大量史料、文献，从客星的定义、位置、运动、视大小、亮度与颜色、可见期和本质等诸多方面进行论述，从正、反两个方面证明中平客星是彗星的结论。但是由于他这篇文章是在台湾《汉学研究》上发表的，未能引起天文学界的注意，以致桑塞特（S. E. Thorsett）于 1992 年在英国 *Nature* 杂志上发表文章对“中平客星”重新认定为超新星，他认为中平客星的遗迹不是克拉克和斯蒂芬森所认定的 MSH14-63，而是 MSH15-52；黄一农于是又和秦一男于 1994 年在 *Nature* 上简要地用英文发表了他们的否定观点。

斯蒂芬森于 1988 年在意大利召开的“日地关系和过去几千年地球环境”讨论会上报告说：

> 两颗假（spurious）新星进入了何丙郁（1962）和席泽宗、薄树人（1965）的表。这两个星的记载不见于 18 世纪朝鲜历史文献简编《增补文献备考》以前的史籍。XB84（1600 年）条引《增补文献备考》云“李宣祖三十三年十一月乙酉客星见于尾，色黄赤，动摇；十二月丁未，太白犯客星于尾”。今查逐日有详细记载的《宣祖实条》，此年无客星记载；而金星和客星接近的记载，恰和宣祖三十七年（1604）关于开普勒新星的一致（1605 年 1 月 21 日），因此这条记录是《增补文献备考》的编者把材料排错了。XB88（1664 年）条也有同样的问题。这一年（李显宗五年）在《显宗实录》和《承政院日记》中都没有关于客星的记载，经文字核对，《增补文献备考》中的记载，恰是 1604 年至 1605 年《宣祖实录》中关于开普勒新星观测记录的缩写。1664 年和 1604 年相差 60 年，干支年名相同，都是甲辰，《增补文献备考》的作者，又把材料排错了年份。总之，1600 年和 1664 年都没有客星出现，它们的材料都是 1604 年超新星的错排。

同一篇文章中，他还认为 1408 年的记录不是超新星，理由是日本 7 月 14 日的记载和中国四川地方志中 9 月 10 日的六条记载都没有位置记录，很难说是同一件事。

1991 年，李启斌在北京举行的“超新星及其遗迹”国际讨论会上发表了《中国古代记录中历史新星和超新星的位置图》一文，作者在中西对照星图上把他在《历史新星和超新星的新研究》一文中所得的研究结果画出来，用不同形式的图线把三组不同“身份”的记录区分开来，同时把那些不大亮的客星也标示出来。作为这篇文章的附录，他转载了格林（D. A. Green）于 1991 年编的用各种最新手段观测到的 214 个超新星遗迹表，这对我们进一步做深入的研究很有帮助。

1992 年汪珍如在美国紫外线和 X 射线等离子体天体物理光谱会议上报告说，她与日本学者们合作，利用日本银河号 X 射线卫星的资料，发现超新星遗迹 IC443 有很强的、能量高达 1 万多电子伏特的硬 X 射线辐射，这显示了它的高膨胀速度，从而推断出它是一个年轻的超新星遗迹。据此，他们进一步提出了 IC443 是在 837 年（唐开成二年）爆发的一个超新星遗迹，中国的《新唐书·天文志》记载有："唐开成二年三月甲申，客星出于东井下，四月丙午，东井下客星没。"

以上是四十年来超新星遗迹的证认工作的简单回顾。事实说明，这项工作的顺利和深入开展需要天体物理学家和天文史学家的紧密合作。

三、历史新星和超新星三表述评

自从 1955 年席泽宗《古新星新表》问世以来，随着射电天文学、空间天文学、恒星物理学和高能天体物理学的发展，历史超新星记录和超新星遗迹的证认引起科学家们很大的兴趣。但是，在它们之间建立起一一对应的关系是件极不容易做到的事情。首先我们必须对已知的历史记录进行分析和研究，确定哪些是肯定的超新星的记录，而哪些是可能的超新星的记录，同时排除掉那些似是而非的记录。由于历史记录本身往往非常简单，要做到这一点就非常之难，黄一农对公认的"中平客星（185 年）"的否定即是一例。

在下列三个历史新星和超新星星表中，由于编者取舍标准不同，异同各半，似有分析和讨论的必要。

1965 年席泽宗和薄树人（简称 XB）在席泽宗《古新星新表》（1955）的基础上，重新编撰了《增订古新星新表》，保留了原有的 53 项，删除了无具体位置和已证明系彗星或变星的记录 35 项，另有 4 项记录合并为 2 项；又新增加了 37 项记录，其中来源于朝鲜的记录占了一半；同时把阿拉伯、巴比伦和欧洲的 7 项记录也包括进来，使该星表所包含的历史记录总数达 97 项。为便于与其他星表进行比较，我们不妨把它收录的 6 条标准抄录如下：

> 凡是位置有变化或有尾巴的，不论记作客星，还是彗星，肯定都是彗星，一律不收；
>
> 只有方位，而无具体位置者，或离太阳很近、是彗星的可能性很大的，不收；
>
> 位置远离银河，而又在黄道附近者，不收；
>
> 长星、蓬星、烛星不收，因为它们是彗星的别名，直接记为彗星的，严格审查，一般不收；
>
> “星孛”只要有具体位置，一般地就收；
>
> 前后半年以内有显著彗星出现者，严格审查。

1977 年，克拉克和斯蒂芬森（简称 CS）在合作撰写的《历史超新星》一书中给出了一个《望远镜发明前的银河系新星和超新星表》，共计有 75 项，资料全部来源于中国、朝鲜、日本和越南（只 1 条）的记录，其中与 XB 相同的有 49 项，约占总数的 65%，也就是说，CS 与 XB 对历史新星和超新星记录的选取 2/3 是一致的，不相同的只有 1/3。这显然起因于他们的收录标准不完全一致，最大的差别在于 CS“排除了所有孤立的星孛”，而却有意无意地收进了各式各样的彗星记录达 10 项之多，对他们独有的记录稍后将逐个进行分析。

1988 年李启斌（简称 Li）在《中国古籍中新星和超新星记录》一文中又给出了一个表，共有 53 项，全都来源于中国古籍的记录（基本上来源于《中国古代天象记录总集》），其中与 XB 和 CS 两表相同的有 46 项，占总数的 87%，仅有 7 项是该表独有的。统计表明，除了 3 个表共有的记录外，Li 表与 CS 表相同的远多于与 XB 表相同的，说明在收录标准上 Li 与 CS 有某些共同之处，即他们都把“星孛”排除在外。

下面参考《中国古代天象记录总集》，在统计和分析的基础上对上述 3 个表的历史新星和超新星记录进行一些评述。为便于分析，特将它们综合成表 1，称为“历史新星和超新星总表”，对于读者来说，也便于阅读和思考。

表 1 历史新星和超新星总表

编号	公元日期	原文	文献	赤经（1950）	赤纬（1950）	银经	银纬[①]	地点[②]	来源	备注
1	约前 14 世纪	七日己巳夕㞢，㞢（有）新大星并火 辛未酘新星	殷墟甲骨文	16^h30^m	−25°	321°	+13°	C	XB，Li	李约瑟认为二者系同一新星的记录
2	前 532 年	（周）景王十三年春，有星出婺女	《竹书纪年》	20^h50^m	−10°	40°	−30°	C	XB，CS，Li	—
3	前 204	（汉）高帝三年七月，有星孛于大角，旬余乃入	《汉书·天文志》	14^h15^m	+20°	346°	+66°	C	XB，CS	XB 认为有可能系牧夫座 AB 新星的一次爆发
4	前 134 年	（汉）元光元年六月，客星见于房	《汉书·天文志》	16^h00^m	−25°	350°	+20°	C	XB，CS，Li	—
5	前 108～前 107	（汉）元封中，星孛于河戍	《汉书·天文志》	7^h40^m	+5°～28°	—	—	C	XB	③
6	前 77.10.17～11.15	（汉）元凤四年九月，客星在紫宫中斗枢极间	《汉书·天文志》	11^h45^m	+72°	98°	+50°	C	XB，CS，Li	—
7	前 76	（汉昭帝元凤）五年四月，烛星见奎、娄间	《汉书·天文志》	1^h40^m	+25°	135°	−35°	C	CS	④
8	前 48.5.3～31	（汉）元帝初元年四月，客星大如瓜，色青白，在南斗第二星东可四尺	《汉书·天文志》	18^h20^m	−25°	335°	−7°	C	XB，CS，Li	—

注：① 表中所列赤经可能有$\pm30^m$，赤纬、银经和银纬可能有±5°的误差。

② 地点：C——中国，K——朝鲜，J——日本，A——阿拉伯，B——巴比伦，E—欧洲。

③ 《汉书·天文志》尚有“太初中（前 103—前 102），星孛于招摇。星传曰：‘客星守招摇……’”。

④ 《汉书·天文志》曰：“烛星，状如太白，其出也不行，见则灭。”黄一农认为这是一颗流星。

续表

编号	公元日期	原文	文献	赤经（1950）	赤纬（1950）	银经	银纬	地点	来源	备注
9	前 47.6.20～7.18	（汉元帝初元）二年五月，客星见昴分，居卷舌东可五尺，青白色，炎长三寸	《汉书·天文志》	4^h00^m	+65°	140°	+10°	C	CS	—
10	前 5.3.9～4.6	（汉哀帝建平）二年二月，彗星出牵牛七十余日	《汉书·天文志》	20^h20^m	−15°	30°	−25°	C	XB，CS	—
11	前 4.4.24	（汉建平三年）三月己酉……有星孛于河鼓 （朝）（新罗始祖）五十四年，春二月己酉，星孛于河鼓	《汉书·哀帝纪》 《三国史记》	19^h50^m	+10°	17°	−10°	C，K	XB	XB 认为可能系天鹰座新星 V500 的爆发
12	29	（后汉）建武五年……客星犯帝座	《后汉书·严光传》	17^h20^m	+15°	5°	+24°	C	XB	XB 认为可能系“再发新星”
13	61.9.27	（汉明帝永平）四年八月辛酉，客星出梗河西北，指贯索，七十日去	《后汉书·天文志》	14^h10^m	+35°	60°	+70°	C	CS	—
14	64.5.3	（汉明帝永平七年）三月庚戌，客星光气二尺所，在太微左执法南端门外，凡见七十五日	《后汉书·天文志》	12^h20^m	−5°	290°	+55°	C	CS，Li	—
15	70.12.22～71.1.19	（汉明帝永平十三年）十一月，客星出轩辕四十八日	《后汉书·天文志》	9^h40^m	+25°	215°	+45°	C	CS，Li	—

续表

编号	公元日期	原文	文献	赤经（1950）	赤纬（1950）	银经	银纬	地点	来源	备注
16	85.6.1	（后汉元和二年）夏四月乙巳，客星入紫宫 （朝）（百济已娄王九年）夏四月乙巳，客星入紫微	《后汉书·章帝纪》 《三国史记》	12^h50^m～15^h30^m	+72°～84°	—	—	C，K	XB，CS	彗星，详见述评
17	101.12.30	（汉和帝永元）十三年十一月乙丑，轩辕第四星间有小客星，色青黄	《后汉书·天文志》	9^h40^m	+25°	215°	+45°	C	CS，Li	—
18	107.9.13	（后汉）孝安帝永初元年秋八月戊申，有客星在东井、弧星西南	《后汉书·天文志》	6^h30^m	+10°	200°	0°	C	XB，CS，Li	—
19	125.12.13～126.1.11	（后汉）延光四年冬十一月，客星见天市	《后汉书·天文志》	17^h10^m	+10°	30°	+25°	C	XB，CS，Li	—
20	126.3.23	（汉顺帝）永建元年二月甲午，客星入太微	《后汉书·天文志》	12^h00^m	+10°	270°	+70°	C	CS，Li	彗星，详见述评
21	158.3.18～4.15	（朝）高勾丽次大王十三年春二月，星孛于北斗	《三国史记》	11^h14^m	+50°～60°	—	—	K	XB	—
22	185.12.7～187.8.21	（后汉）中平二年十月癸亥，客星出南门中，大如半筵，五色喜怒稍小，至后年六月消	《后汉书·天文志》	14^h20^m	−60°	282°	0°	C	XB，CS，Li	①
23	200.11.6	（后汉建安五年）冬十月辛亥，有星孛于大梁	《后汉书·天文志》	16^h10^m	−4°	—	—	C	XB	—

注：① 过去认为此系超新星，射电源，最近黄一农认为是彗星。

续表

编号	公元日期	原文	文献	赤经（1950）	赤纬（1950）	银经	银纬	地点	来源	备注
24	207.11.10	（后汉建安十二年）冬十月辛卯，有星孛于鹑尾	《后汉书·天文志》	—	—	—	—	C	XB	—
25	213.1.10～2.7	（后汉建安）十七年十二月，有星孛于五诸侯	《后汉书·天文志》	7^h00^m	+30°	155°	+18°	C	XB	—
26	222.11.4	魏文帝黄初三年九月甲辰，客星见太微左掖门内	《宋书》《晋书》	12^h30^m	0°	290°	+60°	C	CS，Li	—
27	247.1.16～6.21	（魏齐王正始）七年十一月癸亥，（彗星）又见轸，长一尺，积百五十六日灭	《宋书》《晋书》	12^h30^m	−20°	295°	+40°	C	CS	彗星，详见述评
28	269.10.13～11.10	（晋）泰始五年九月，有星孛于紫宫	《宋书》《晋书》	—	—	—	—	C	XB	—
29	275.1.14～2.12	（晋）泰始十年十二月，有星孛于轸	《宋书》《晋书》	12^h20^m	−20°	—	—	C	XB	—
30	290.4.27～5.25	（晋）太熙元年夏四月，客星在紫宫	《宋书》《晋书》	12^h50^m～15^h30^m	+72°～84°	—	—	C	XB，CS，Li	—
31	304.6.19～7.18	（晋）永兴元年五月，客星守毕	《宋书》《晋书》	4^h30^m	17°	180°	−25°	C	XB，CS，Li	—
32	329.8.11～9.9	（晋）成帝咸和四年七月，有星孛于西北，犯斗，二十三日灭	《宋书》《晋书》	11^h30^m	58°	130°	+65°	C	XB，CS	①

注：① 《宋书·天文志》无“犯斗”二字。

续表

编号	公元日期	原文	文献	赤经（1950）	赤纬（1950）	银经	银纬	地点	来源	备注
33	369.3.24～9.17	（晋）海西太和四年春二月，客星见紫宫西垣，至七月乃灭（占曰："客星守紫宫，臣杀主"）	《晋书》《宋书》	—	—	—	—	C	XB，CS，Li	—
34	386.4.15～8.10	（晋）太元十一年春三月，客星在南斗，至六月乃灭	《宋书》《晋书》	18^h40^m	−28°	10°	−10°	C	XB，CS，Li	—
35	389	（罗马）Cuspianus 观测到河鼓二附近出现新星，大于金星，三周后消失	—	19^h50^m	+10°	14°	−4°	E	XB	可能是彗星
36	393.2.27～11.19	（晋太元）十八年春二月，客星在尾中，至九月乃灭	《宋书》《晋书》	17^h20^m	−40°	316°	−4°	C	XB，CS，Li	—
37	396	（魏）太祖皇始元年……有大黄星出于昴、毕之分，五十余日……冬十一月，黄星又见，天下莫敌	《魏书·天象志》	4^h00^m	+20°	141°	−22°	C	XB，CS，Li	—
38	402.11.11～403.2.7	（晋安帝元兴元年）十月，客星色白如粉絮，在太微西，至十二月，入太微	《宋书》《晋书》	11^h10^m	+10°	240°	+60°	C	CS	可能是彗星

续表

编号	公元日期	原文	文献	赤经（1950）	赤纬（1950）	银经	银纬	地点	来源	备注
39	414.7.20	（魏神瑞元年）六月乙巳，有星孛于昴南	《魏书·天象志》	3^h40^m	+20°	137°	−25°	C	XB	①
40	419.2.17	（晋元熙元年正月）戊戌，有星孛于太微西蕃 （朝）百济腆支五十五年春正月戊戌，星孛于太微	《晋书》 《三国史记》	11^h20^m	+15°	—	—	C，K	XB	彗星，详见述评
41	421.1.20～2.17	（魏泰常五年）十二月……客星见于翼	《魏书》	11^h20^m	−18°	—	—	C	XB，CS，Li	—
42	436.6.21	（魏太延）二年五月壬申，有星孛于房	《魏书》	16^h00^m	−25°	—	—	C	XB	—
43	437.2.26	（魏太延）三年（宋元嘉十四年）正月壬午，有星晡前昼见东北，在井左右，色黄，大如橘	《魏书》《宋书》	6^h40^m	+20°	162°	+9°	C	XB，CS，Li	XB 认为此系超新星、射电源
44	483.11.16～12.14	（魏孝文帝太和）七年十月，有客星大如斗，在参东，似孛	《魏书》	5^h30^m	0°	205°	−15°	C	CS	可能是彗星
45	537	—	—	—	—	—	—	—	CS	—
46	541.2.11～3.12	魏元象四年（西魏大统七年）正月，客星出于紫宫	《魏书》	12^h50^m～15^h30^m	+72°～84°	—	—	C	XB，CS，Li	—

注：① 此系神瑞二年六月己巳彗星之误。

续表

编号	公元日期	原文	文献	赤经（1950）	赤纬（1950）	银经	银纬	地点	来源	备注
47	561.9.26	（周）武帝保定元年九月乙巳，客星见于翼	《隋书》	11^h20^m	−18°	275°	+45°	C	XB，CS，Li	—
48	575.4.27	（陈）宣帝太建七年四月丙戌，有星孛于大角	《隋书》	14^h20^m	+20°	346°	+66°	C	XB	XB 认为可能系牧夫座 AB 新星的爆发
49	588.11.22	（隋开皇八年）十月甲子，有星孛于牵牛	《隋书》	20^h20^m	−15°	—	—	C	XB	—
50	641.8.1～6	唐太宗贞观十五年六月己酉，有星孛于太微，犯郎位，七月甲戌不见	《新唐书》《旧唐书》	12^h20^m	+20°	265°	+80°	C	CS	彗星，详见述评
51	668.5.18～6.6	（唐）总章元年四月，彗见五车……星虽孛而光芒小……二十二日星灭 （唐）乾封三年四月丙辰，有彗星于东方，在五车、毕、昴间，乙亥不见 （朝）新罗文武王八年四月，彗守天船 （朝）高勾丽藏王二十七年夏四月，彗见于昴、毕之间	《旧唐书》 《新唐书》 《三国史记》	4^h30^m	+45°	127°	0°	C，K	XB	XB 认为此系超新星、射电源
52	683.4.20～5.15	（唐）永淳二年三月丙午，有彗星于五车北，四月辛未不见	《旧唐书》《新唐书》	5^h20^m	+50°	128°	+4°	C	XB	XB 认为此系超新星、射电源

续表

编号	公元日期	原文	文献	赤经（1950）	赤纬（1950）	银经	银纬	地点	来源	备注
53	684	（日）天武十二年七月壬申，彗星出于西北，长丈余	《日本书纪》《一代要记》	3^h40^m	+25°	165°	−25°	J	CS	哈雷彗星
54	708.7.28	（唐景龙二年）七月七日，星孛胃、昴之间	《新唐书》《旧唐书》	3^h10^m	+25°	127°	−25°	C	XB	—
55	709.9.16	（唐景龙）三年八月八日，有星孛于紫微垣	《新唐书》《旧唐书》	—	—	—	—	C	XB	—
56	722.8.19	（日）养老六年七月三日壬申，有客星见阁道边，凡五日	《大日本史》	1^h40^m	+60°	97°	−1°	J	XB，CS	—
57	725.2.11	（日）神龟二年正月二十四日己卯，有星孛于华盖	《大日本史》	1^h30^m	+70°	94°	+8°	J	XB	—
58	730.6.30～7.10	（唐）开元十八年六月甲子，有彗星于五车。癸酉，有星孛于毕、昴	《新唐书》	4^h20^m	+30°	136°	−12°	C	XB	—
59	745.1.8	（日）天平十六年十二月二日庚寅，有星孛于将军	《日本纪略》	1^h30^m～2^h10^m	+33°～51°	—	—	J	XB	—
60	827	阿拉伯诗人 Haly 和巴比伦的天文学家 Albumazar 观测到天蝎座尾部出现的新星，亮如半月，4 个月后方消失	—	16^h50^m～17^h40^m	−43°～33°	—	—	A，B	XB	①

注：① Goldstein 考证出此乃 1006 年超新星的误解。

续表

编号	公元日期	原文	文献	赤经（1950）	赤纬（1950）	银经	银纬	地点	来源	备注
61	829.11.1～29	（唐文宗太和）三年十月，客星见于水位	《新唐书》	7^h50^m	+15°	205°	+20°	C	CS，Li	—
62	837.4.29～5.21	（唐开成二年三月）甲申，客星出于东井下……四月丙午，东井下客星没	《新唐书》	6^h30^m	+20°	74°	0°	C	XB，CS，Li	XB 认为此系超新星、射电源①
63	837.5.3～6.17	（唐开成二年三月）戊子，客星别出于端门内，近屏星……五月癸酉，端门内客星没	《新唐书》	12^h	+5°	245°	+65°	C	XB，CS，Li	—
64	837.6.26	（唐文宗开成二年五月）壬午，客星如孛，在南斗天龠旁	《新唐书》	18^h00^m	−25°	5°	0°	C	CS	可能是彗星
65	877.2.11	（日）贞观十九年（元庆元年）正月二十五日戌时，客星在壁，见西方	《大日本史》	23^h50^m	+20°	105°	−40°	J	XB，CS	—
66	881	（唐）中和元年，有异星出于舆鬼	《新唐书》	8^h40^m	+20°	—	—	C	XB	—
67	891.5.11	（日）宽平三年三月二十九日乙卯，客星在东咸星东方，相去一寸许	《日本纪略》	16^h40^m	−20°	327°	+15°	J	XB，CS	—

注：① 汪珍如证认此为超新星爆发的记录，IC 443 是它的遗迹。

续表

编号	公元日期	原文	文献	赤经（1950）	赤纬（1950）	银经	银纬	地点	来源	备注
68	900.2.4～3.3	（唐昭宗）光化三年正月，客星出于中垣宦者旁，大如桃，光炎射宦者，宦者不见	《新唐书》	17^h00^m	+10°	30°	+30°	C	CS，Li	—
69	902.2.11～903	（唐）天复二年正月，客星如桃，在紫宫华盖下……丁卯……客星不动。己巳，客星在杠，守之，至明年犹不去	《新唐书》	1^h30^m	+65°	95°	+3°	C	XB	①
70	911.5.31～6.28	梁太祖乾化元年五月，客星犯帝座	《新五代史》	17^h20^m	+15°	5°	+24°	C	XB，CS，Li	XB 认为可能系公元 29 年新星的再发
71	926.4.20	（唐庄宗同光四年三月）壬戌……客星犯天库	《旧五代史·庄宗纪》	—	—	—	—	C	Li	可能是流星雨，详见述评
72	945	仙后座新星	*Leoviticus*	—	—	—	—	E	XB	—
73	980.6～8	（朝）高丽景宗五年夏，有星犯帝座	《增补文献备考》	17^h20^m	+15°	5°	+24°	K	XB	XB 认为可能系公元 29 年新星的再发
74	1006.4.3 1006.5.1	（宋景德）三年三月乙巳，客星出东南方 （宋景德）三年五月一日，司天监言：先四月二日夜初更，见大星，色黄，出库楼东，骑官西，渐渐光明，测在氐三度	《宋史·真宗二》 《宋会要辑稿》	15^h10^m	−40°	330°	+15°	C	XB，CS，Li	超新星、射电源

注：① 普斯考夫斯基证认此为超新星爆发的记录，CTA-1 是它的遗迹。

续表

编号	公元日期	原文	文献	赤经（1950）	赤纬（1950）	银经	银纬	地点	来源	备注
74	1006.5.6～	（宋）景德三年四月戊寅，周伯星见，出氐南骑官西一度，状如半月，有芒角，煌煌然可以鉴物，历库楼东，八月，随天轮入浊，十一月，复见在氐。自是常以十一月辰见东方，八月西南入浊	《宋史•天文九》	—	—	—	—	—	—	—
75	1011.2.8	（宋）大中祥符四年正月丁丑，客星见南斗魁前	《宋史•天文九》	19^h20^m	−30°	335°	−18°	C	XB，CS，Li	—
76	1020.1.26	（朝）高丽显宗十年十一月辛亥，彗见宗正、宗人、市楼间	《高丽史》	17^h50^m	−5°	350°	+9°	K	XB	XB 认为可能系再发新星蛇夫座 RS 星的爆发
77	1031.10.4	（朝）高丽显宗二十二年九月庚申，大星入舆鬼	《高丽史》	8^h40^m	+20°	174°	+35°	K	XB	XB 认为可能是再发新星
78	1035.1.15	（宋仁宗景祐元年）十二月己未夜，有星出外屏，有芒气	《宋史•天文九》	1^h20^m	+5°	140°	−55°	C	CS	可能是彗星

续表

编号	公元日期	原文	文献	赤经（1950）	赤纬（1950）	银经	银纬	地点	来源	备注
79	1054.7.4～1056.4.6	（宋）至和元年五月己丑，客星出天关东南可数寸，岁余稍没 （宋嘉祐元年三月）辛未，司天监言：自至和元年五月，客星晨出东方守天关，至是没 嘉祐元年三月，司天监言：客星没，客去之兆也。初，至和元年五月晨出东方，守天关，昼见如太白，芒角四出，色赤白，凡见二十三日	《宋史·天文九》 《宋史·仁宗四》 《宋会要辑稿》	5^h30^m	+20°	154°	−5°	C	XB，CS，Li	蟹状星云
80	1065.9.11 8.1	（辽咸雍元年）八月丙申，客星犯天庙 （韩）高丽文宗十九年六月乙卯，客星大如灯	《辽史·道宗纪》 《高丽史》	9^h20^m	−25°	223°	+19°	C，K	XB，CS，Li	—
81	1069.7.12～23	（宋神宗）熙宁二年六月丙辰，出箕度中，至七月丁卯，犯箕乃散	《宋史·天文九》	18^h10^m	−35°	0°	−10°	C	CS，Li	—
82	1070.12.25	（宋神宗熙宁）三年十一月丁未，出天囷	《宋史·天文九》	2^h40^m	+5°	165°	−50°	C	CS，Li	—

续表

编号	公元日期	原文	文献	赤经（1950）	赤纬（1950）	银经	银纬	地点	来源	备注
83	1073.10.9	（朝）高丽文宗二十七年八月丁丑，客星见于东壁南	《高丽史》	0^h10^m	+10°	78°	−52°	K	XB，CS	—
84	1074.8.19	（朝）高丽文宗二十八年七月庚申，客星见东壁南，大如木瓜	《高丽史》	0^h10^m	+5°	105°	−55°	K	CS	—
85	1087.7.3～8.1	辽道宗咸雍二十三年六月星如瓜，出文昌	《契丹国志》	9^h30^m	+55°	—	—	C	Li	流星，详见述评
86	1113.8.15	（朝）高丽睿宗八年七月辛巳，有星孛于营室	《高丽史》	23^h00^m	+20°	—	—	K	XB	—
87	1123.8.11	（朝）高丽仁宗元年七月己巳，有星孛于北斗	《高丽史》	11^h～14^h	+50°～60°	—	—	K	XB	—
88	1138.6.9～7.8	（宋高宗）绍兴八年五月，守娄	《宋史·天文九》	2^h00^m	+21°	—	—	C	XB，CS，Li	—
89	1139.3.23	（宋高宗绍兴）九年二月壬申，守亢	《宋史·天文九》	14^h10^m	−10°	—	—	C	XB，CS，Li	—
90	1163.8.10	（朝）高丽毅宗十七年七月戊戌，客星犯月	《高丽史》	17^h30^m	−20°	5°	+5°	K	CS	—
91	1166.51	（宋孝宗）乾道二年三月癸酉，出太微垣内五帝座大星西，微小，色青白	《宋史·天文九》	11^h50^m	+15°	—	—	C	Li	彗星，详见述评

续表

编号	公元日期	原文	文献	赤经（1950）	赤纬（1950）	银经	银纬	地点	来源	备注
92	1175.8.10～15	（宋）淳熙二年七月辛丑，有星孛于西北方，当紫微垣外七公之上，小如荧惑，森然蓬孛，至丙午始消	《宋史·天文九》	16^h	+60°	58°	+44°	C	XB，CS	—
93	1181.8.6～1182.2.6 1181.8.11 8.17	（宋）淳熙八年六月己巳，出奎宿，犯传舍星，至明年正月癸酉，凡一百八十五日始灭 （金大定二十一年）六月甲戌，客星见于华盖，凡百五十有六日灭 （日）治承五年六月二十五日庚午，戌时，客星见北方，近王良星，守传舍星 （日）治承五年六月二十五日庚午，戌刻，客星见艮方，大如镇星，色青赤，有芒角，是宽弘三年（1006年）出现之后无例	《宋史·天文九》 《金史·天文》 《大日本史》 《吾妻镜》	1^h30^m	+65°	95°	+3°	C，J	XB，CS，Li	超新星
94	1203.7.28～8.6	（宋）宁宗嘉泰三年六月乙卯，出东南尾宿间，色青白，大如镇星。甲子，守尾	《宋史·天文九》	17^h30^m	−40°	314°	−1°	C	XB，CS，Li	XB 认为系超新星

续表

编号	公元日期	原文	文献	赤经（1950）	赤纬（1950）	银经	银纬	地点	来源	备注
95	1221.1	（朝）高丽高宗七年十二月，有星孛于北斗	《高丽史》	11^h～14^h	+50°～60°	—	—	K	XB	—
96	1224.7.11	（宋）嘉定十七年六月己丑，守犯尾宿	《宋史・天文九》	17^h30^m	−40°	—	—	C	XB，CS，Li	—
97	1230.12.15～1231.3.20	（宋）绍定三年十一月丁酉，有星孛于天市垣屠肆星之下；明年二月壬午乃消	《宋史・天文九》	18^h20^m	+20°	16°	+13°	C	XB	据《金史・天文志》应为彗星
98	1240.8.17	（宋）嘉熙四年七月庚寅，出尾宿	《宋史・天文九》	17^h30^m	−40°	—	—	C	XB，CS，Li	—
99	1244.5.14	（宋理宗淳祐）四年四月丙子，星出尾宿，大如太白	《宣府镇志》	17^h30^m	−40°	—	—	C	Li	流星①
100	1245	在摩羯座观测到新星，大如金星，色赤如火，两个月后消失	*Stadeneis*	—	—	—	—	E	XB	—
101	1248	（宋理宗淳祐）八年，星出河鼓，大如太白	《绍兴府志》	—	—	—	—	C	Li	流星②
102	1264	仙后座新星（近仙王座）	*Leouticus*	—	—	—	—	E	XB	—
103	1356.5.3	（朝）高丽恭愍王五年四月癸丑，客星犯月	《高丽史》	5^h50^m	+30°	180°	0°	K	CS	—

注：① 《宋史・天文十三》流陨四内记载："（淳祐）四年四月丙子，星出尾宿距星下，大如太白。"故此项系流星。
② 此项也系流星，《宋史・天文十三》流陨四内记载："（宋理宗淳祐）八年六月甲辰，星出河鼓，大如太白。"

续表

编号	公元日期	原文	文献	赤经（1950）	赤纬（1950）	银经	银纬	地点	来源	备注
104	1375.11.5～12.3	（明洪武）八年冬十月，有星孛于南斗	《广东通志》	18^h50^m	−28°	—	—	C	XB	《明太祖实录》无载，疑系流星
105	1388.3.29	（明洪武）二十一年二月丙寅，有星出东壁	《明史·天文三》	0^h10^m	+20°	—	—	C	XB，CS，Li	流星①
106	1399.1.5	（朝）	—	18^h50^m	−20°	15°	−10°	K	CS	—
107	1404.11.14	（明太宗）永乐二年十月庚辰，辇道东南有星如盏，黄色，光润而不行	《明史·天文三》	19^h50^m	+30°	65°	0°	C	CS	②
108	1408.10.24	（明太宗）永乐六年十月庚辰夜，中天辇道东南有星如盏大，黄色，光润，出而不行，盖周伯德星云	《明太宗实录》	19^h50^m	+30°	65°	0°	C	Li	CTB-80是其遗迹
109	1415.9.3～10.2	（明）永乐十三年夏，有星孛于南斗	《明会要》	18^h50^m	−28°	—	—	C	XB	《明太宗实录》无载
110	1430.9.3 9.9～10.5	（明宣德五年八月甲申）昏刻，客星见南河东北尺余，色青黑…… 庚寅，客星见南河旁，如弹丸大，色青黑，凡二十有六日灭	《明宣宗实录》	7^h30^m	+5°	181°	+13°	C	XB，CS，Li	—

注：① 此项也属流星，《明太祖实录》记载：“（明洪武二十一年二月）丙寅夜，有星出东壁，赤黄色，东北行至近浊没，钦天监奏：是为文士效用之占。”

② 《明史》所录年份有误，查《明太宗实录》系永乐六年，见108项。

续表

编号	公元日期	原文	文献	赤经（1950）	赤纬（1950）	银经	银纬	地点	来源	备注
111	1431.1.4～19	（明宣宗宣德五年）十二月丁亥，有星如弹丸，见九斿旁，黄白光润，旬有五日而隐 昏刻，有含誉星见，如弹丸大，色黄白光润，彗见九斿旁，凡旬有五日灭	《明史·天文三》 《明宣宗实录》	4^h50^m	−10°	210°	−30°	C	CS，Li	①
112	1437.3.11～25	（朝）李世宗十九年二月乙丑，客星见尾第二、三星间，近第三星，隔半尺许，凡十四日	《李朝实录》	16^h55^m	−40°	314°	0°	K	XB，CS	—
113	1452.3.21	（明景泰）三年三月甲午朔，有星孛于毕	《明英宗实录》	4^h30^m	+17°	—	—	C	XB	—
114	1460.2.22～3.22	（越）黎圣宗光顺元年春二月，有星孛于翼	《大越史记全书》	11^h20^m	−18°	—	—	V	XB，CS	—
115	1497.9.20	（明孝宗弘治十年八月）癸巳，昏刻，南京客星见天厩星旁	《明孝宗实录》	0^h30^m	+48°	—	—	C	Li	可能是长周期变星仙女R，详见述评
116	1523.7.13～8.10	（明）嘉靖二年六月，有星孛于天市	《明史·天文三》	15^h35^m～19^h00^m	−15°～30°	—	—	C	XB	《明世宗实录》无载

注：①《明宣宗实录》又载："闰十二月戊戌，文武群臣以含誉星见，上表贺。"又："宣德六年三月壬午，朝鲜国王李祹遣陪臣成抑等奉笺贺含誉星见。"李启斌认为这可能是一颗超新星。

续表

编号	公元日期	原文	文献	赤经（1950）	赤纬（1950）	银经	银纬	地点	来源	备注
117	1572.11.8～1574.5.19	（明隆庆六年）十月初三日丙辰夜，客星见东北方，如弹丸，出阁道旁，壁宿度，渐微，芒有光。历十九日。壬申夜，其星赤黄色，大如盏，光芒四出，日未入时见。十二月甲戌礼部题奏……十月以来客星当日而见，光映异常。按是星万历元年二月光始渐微，至二年四月乃没	《明神宗实录》	0^h10^m	+65°	90°	−2	C	XB，CS，Li	第谷新星
		策星旁有客星，万历元年新出，先大今小	《明史·天文志》	0^h30^m	+63°					
118	1584.7.9～11	（明万历）十二年六月丁未至己酉，有星出房	《明史·国榷》	16^h00^m	−25°	350°	+20°	C	XB，CS	①
119	1592.11.23～1594.2.24	（朝）李宣祖二十五年十月丙午至二十七年正月甲申，客星在天仓星东第三星内三寸许	《李朝实录》	1^h20^m	−10°	120°	−70°	K	XB，CS	②

注：①《明神宗实录》记载："万历十二年六月己酉，是夜，有异星出房宿。"

② 关于 No. 119～121 的几项朝鲜新星记录，斯蒂芬森和黄一农有详细讨论，前者见 QJ/RAS，28（1987）页 431～444，后者见台湾《天文会刊》（1988）No. 2，他们确认这几项为新星或超新星。

续表

编号	公元日期	原文	文献	赤经（1950）	赤纬（1950）	银经	银纬	地点	来源	备注
120	1592.11.30～1593.3.28	(朝)李宣祖二十五年十月癸丑，客星见于王良东第一、二星间，至二十六年二月辛亥不见	李朝实录	0^h20^m	+62°	88°	0°	K	XB，CS	XB 认为系超新星、射电源
121	1592.12.4～1593.3.4	(朝)李宣祖二十五年十一月丁巳，客星见于王良西第一星之内，至二十六年二月丁亥后不见	李朝实录	0^h20^m	+58°	88°	−4°	K	XB，CS	布洛什和朱义顺认为仙后 A 即其遗迹
122	1600.12.14	（朝）李宣祖三十三年十一月己酉，客星见于尾，大于心火星，色黄赤，动摇	李朝实录	17^h30^m	−40°	—	—	K	XB	①
123	1600～1621 1655 又见	1600 年 Jansen 发现天鹅 P，发现后两年 Kepler 看见为三等星。1621 年不见。1655 年 Cassini 又看见为三等星	*The Galactic Novae*	20^h14^m	+38°	44°	0	E	XB	—

注：① 斯蒂芬森认为这是 1604 年超新星的错排。

续表

编号	公元日期	原文	文献	赤经（1950）	赤纬（1950）	银经	银纬	地点	来源	备注
124	1604.10.10～1605.10.7	（明万历）三十二年九月乙丑，尾分有星如弹丸，色赤黄，见西南方，至十月而隐。十二月辛酉，转出东南方，仍尾分。明年二月渐暗，八月丁卯始灭 明万历三十二年九月乙丑夜，西南方生异星，大如弹丸，体赤黄色，名曰客星。十二月辛酉夜，客星随天转见东南方，大如弹片，黄色，光芒微小，在尾宿。三十三年八月丁卯夜，客星不见。自三十二年九月客星见尾分，一更时出西南方，随天西转，至十月夕伏不见。十一月五更，时出东南方。今年二月，其光渐暗，至是乃灭	《明史·天文三》 《明神宗实录》	17^h00^m	−40°	—	—	C，K	XB，CS，Li	开普勒超新星

续表

编号	公元日期	原文	文献	赤经（1950）	赤纬（1950）	银经	银纬	地点	来源	备注
124	1604.10.13～1605.5.2	（朝）李宣祖三十七年九月戊辰，客星在尾，其形大于太白，色黄赤，动摇，至于十月庚戌，体渐小。三十八年乙巳正月丙子，客星见于天江上，大于心火星，色黄赤，动摇，至三月己丑日，其形微	《增补文献备考》	17^h30^m	−26°	334°	+5°	C，K	XB，CS，Li	开普勒超新星
125	1645.2.26～3.27	（朝）李仁祖二十三年二月，大星入舆鬼	《增补文献备考》	8^h40^m	+20°	174°	+35°	K	XB	—
126	1661.12.13～1662.1.1	（朝）李显宗二年辛丑（闰）十月戊辰，客星见于女宿，大如镇星，十一月丁亥乃灭	《增补文献备考》	20^h40^m	−8°	—	—	K	XB	—
127	1664.10.19～1665.7.12	（朝）李显宗五年甲辰九月，客星见于天江上，大如岁星，色黄赤，反见于东，至翌年五月乃灭	《增补文献备考》	17^h30^m	−26°	334°	+5°	K	XB	①

注：① 斯蒂芬森认为这也是1640年超新星的错排。

续表

编号	公元日期	原文	文献	赤经（1950）	赤纬（1950）	银经	银纬	地点	来源	备注
128	1669.12.20	狐狸座 11 号星=CK Vul，1669 年 Anthelme 发现时为三等星，其后渐暗，一度不见。1671 年 4～5 月又为三等星，1672 年六等	*The Galactic Novae*	19^h44^m	+27°	31°	0°	E	XB	—
129	1676.2.18	（清康熙）十五年正月戊子，异星见于天苑东北，色白	《清史稿》	4^h	−10°	169°	−40°	C	XB	—
130	1690.9.29	（清康熙）二十九年八月乙酉，异星见箕，色黄，凡二夜 （清康熙）二十九年八月二十七日乙酉戌时，观见南方箕宿第三星东出异星一个，黄色无芒尾，用仪测得在丑尾经度三度十八分，纬南三十四度二十分。于二十八日看得是客星，仍在箕宿第三星东，黄色，无芒尾，用仪测得未曾行动	《清史稿》 清钦天监题本	18^h30^m	−34°	327°	−14°	C	XB	—

（1）表 2 统计表明，在表 1 列出的 130 项历史记录中，有 34 项是上述 3 个表都选用的，从记录内容来看，它们具备以下共同的特点：

1）绝大部分名为客星，少数记述为“有星……”；

2）位置不动，或“犯”或“守”，也有只记“见”、“出”或“入”；

3）观测到的时间较长或亮度较大。

表 2　历史新星和超新星总表的分类统计

编者 国别	XB，CS，Li	XB，CS	XB，Li	CS，Li	XB	CS	Li	合计
C	31	5	1	10	24	10	7	88
K	—	5	—	—	11	4	—	20
J	—	3	—	—	2	1	—	6
C，K	2	1	—	—	3	—	—	6
C，J	1	—	—	—	—	—	—	1
E，V，A，B	—	1	—	—	7	—	—	8
合计	34	15	1	10	47	16	7	129 130

（2）XB 和 CS 相同的有 15 项，其中：

1）“星孛”三项，编号分别为 3、32 和 92，它们的位置都没变（严格说是没提到位置有变化），最关键是存有一定时间间隔，或“旬余”，或“二十三日”，或五日，排除了流星的可能性。应该说，此三项记录收录进来是合适的。

2）第 16 和 118 项，记作“客星入紫宫”和“有星出房”，后者有时间间隔，而前者没有，但前者另有朝鲜记录，故此排除了流星的可能性。会不会是不带尾巴的彗星呢？查《中国古代天象记录总集》(p. 389)，将《后汉书·章帝纪》记载的“客星入紫宫”与《后汉书·天文志》记载的“汉章帝元和二年四月丁巳，客星晨出东方，在胃八度，长三尺，历阁道入紫宫，留四十日灭”相比较，显然讲的是同一回事，只不过《后汉书·章帝纪》只记录最后“客星入紫宫”这个与皇上有关的细节，而且日期记错了，误把“五月乙巳”错写为“四月乙巳”，因为一来四月无乙巳，二来若作五月乙巳，离该彗星出东方的时间为 48 天，与“留四十日灭”相差几天。由是看来，第 16 项确系彗星无疑，应从总表中删去。

至于第 118 项，《明史・天文志》记载为“明神宗万历十二年六月己酉，有星出房”。查《明神宗实录》卷 150，所记为“是夜有异星出房宿”。既为“异星”，必不是彗星或流星，可能是新星。

3）第 10 项“彗星出牵牛七十余日”。系来源于《汉书・天文志》，查《汉书・天文志》有关部分，凡所记载对象实际为彗星者，无论所用名词为“客星”、“星孛”、“白气”或“彗星”，均言明其位置、方向或行踪，仅此一项未录方向和位置变化，因此疑所记“彗星”乃“客星”之误，不无道理，何况该星存在日期长达 70 余日，若系彗星，应可经过不少星宿，记录绝不会这么简单。

4）日本、朝鲜和越南记录共 9 项，其中编号为 56、112、119、120 和 121 等 5 项，不仅有位置且有一定的时间间隔，而 65、67 和 83 三项记录较简单，仅有位置；来源于越南的编号为 114 的记录，则系“有星孛于翼”，很难说就是新星或超新星的历史记录。

（3）CS 和 Li 相同的有 10 项，其中：

1）“客星”9 项，编号为 14、15 和 81 三项，记录较具体，除有位置外，还有观测到的日期分别为 75 日、48 日和 11 日；但编号为 14 记有“光气二尺”，编号为 81 记有“犯箕乃散”，又减小了它们的可信度。编号为 68 的客星“大如桃，光炎射宦者，宦者不见”，也很可能是彗星；编号为 17、26、61 和 82 的客星，记载比较简单，仅有位置而已。这里特别要提到的是编号为 20 的客星，查《中国古代天象记录总集》（第 390 页），《古今注》曰：“汉顺帝永建元年二月甲午，‘客星入太微’。”《李氏家书》曰：“时天有变气，李郃上书谏曰：‘乃月十三日，有客星气象彗孛，历天市、梗河、招摇、枪捂，十六日入紫宫，迫北辰。十七日复过文昌、泰陵，至天船、积水间，稍微不见。’”（见《后汉书・天文志》）查永建元年二月甲午为 3 月 23 日，而乃月十三日相应于 3 月 24 日，先入太微，再入天市、梗河，讲的是同一件事，指的是彗星，而不是新星或超新星，故此也应将此项从总表中删去。

2）编号为 111 的记录，虽未言明系客星，但“黄白光润……旬有五日而隐”，且《明宣宗实录》言明为“含誉星见”，至次年三月壬午（4 月 29 日）朝鲜还派使者前来祝贺，很有可能系新星或超新星记录。

（4）XB 独有的共 47 项，其中：

1）阿拉伯、巴比伦和欧洲观测到的 7 项，不予讨论。

2）日本和朝鲜的记录 13 项，内含“星孛”6 项，编号为 21、57、59、86、87 和 95，很难确定是与不是新星或超新星记录，因为中朝日三国的天象记录中，“星孛”太多了，这几条除了位置，没有提供其他信息。编号为 122、127 的两项记录，已被斯蒂芬森查明是同一件事，而且是 1604 年开普勒超新星记录的错排，这两个年份（1600 和 1664）都没有新星出现；还有编号为 73、76、77 和 125 四项记录，或“有星犯帝座”、“彗见宗人、宗正、市楼间”，或“大星入舆鬼”，很难确定是与不是新星或超新星记录。编号为 126 的客星，“大如镇星”，且见于女宿 19 天，则有可能是新星或超新星记录。

3）“孛星”19 项，不一一列出。

“孛星”指什么？“星孛”是什么意思？

1990 年出版的《汉语大词典》援引诸多文献说明：“孛星”乃彗星的别称，“星孛”为彗星出现时光芒四射的现象。其所引证的文献有：

a.《春秋・文公十四年》：“秋，七月，有星孛入于北斗。”杜预注：“孛，彗也。”

b.《公羊传・文公十四年》：“孛者何？彗星也。”何休注：“状如彗。”

c.《楚辞・王褒〈九怀・危俊〉》：“弥远路兮悠悠，顾列孛兮缥缥。”王逸注：“邪视彗星，光瞥瞥也。”

d.《尔雅・释天》：“彗星为欃枪。”晋郭璞注：“亦谓之孛，言其形孛，孛似扫彗。”

e.《汉书・文帝纪》：“有长星出于东方。”颜师古注引汉文颖曰：“孛、彗、长三星，其占略同，然其形象小异。孛星光芒短，其光四出，蓬蓬孛孛也。彗星光芒长，参参如埽彗。长星光芒有一直指，或竟天，或十丈，或三丈，或二丈，无常也。”不难看出：古人对于“孛星”或“星孛”的认识是比较一致的，孛星即彗星。从司马迁对《春秋》记录的转写也可以看出这点：例如《春秋》中的“文公十四年七月，有星孛，入于北斗”，在《史记・十二诸侯年表》中变成“彗星入北斗”；又如《春秋》中的“鲁昭公十七年冬，有星孛于大辰”，在《史记・十二诸侯年表》中转写为“彗星见辰”。

编号为 39 的“魏神瑞元年六月乙巳，有星孛于昴南”，XB 认为是新星。经复查此乃神瑞二年六月己巳之误，《魏书・天象志》卷 105 2396 页原文为“二年四月，太白入毕……六月己巳，有星孛于昴南”。此项记录可能系“（神瑞二年）五月甲申，彗星出天市，扫帝座，在房、心北”的继续。从五月甲申（415 年 6 月 24 日）至六月己巳（8 月 8 日），相隔 45 天，而从天市至昴南相距 160°～170°，平均视角速度约为 3. 7°/天，这是完全可能的。紧接着编号为 40 的“（晋元熙）元年正月戊戌（419 年 2 月 17 日），有星孛于太微西蕃”，很可能是《魏书・天象志》所记“（北魏泰常三年）十二月（419 年 1 月 12 日～2 月 10 日），彗星出自天津，入太微，迳北斗，干紫宫，犯天棓，八十余日，及天汉乃灭”。中间的一个点，显然正月戊戌正好是彗星出自天津入太微的时候。

由此可见，XB 表的第五条选取标准，即“星孛只要有具体位置，一般地就收”，似应放弃。

4）“客星犯（或守）……”2 项，编号为 12 和 69，后者且有相当长的时间间隔（1 年多），应系新星或超新星记录无疑。

5）“异星出（或见）于……”3 项，编号为 66、129 和 130，特别是最后 1 项（1690 年）记录得较详细，新星或超新星的可能性比较大。

6）还有 3 项记录为“彗星见于五车（或五车北）”，编号为 51、52 和 58，均系唐朝记录，且都有一定时间间隔，少则 10 天，多则 25 天。对它们的证认关系到对周期彗星的证认。

（5）CS 独有的记录共 16 项，其中：

1）朝鲜和日本的记录 5 项，CS 没有给出原始记录，经查核编号 53

可能是哈雷彗星，这是日本关于哈雷彗星的第一次记录。属于朝鲜的 4 项，有两条（编号为 90 和 103）只有“客星犯月” 4 个字，很难说明是什么东西。编号 84 说“客星见东壁南，大如木瓜”，也许是新星。编号 106，我们尚未找到原始资料，无法判断。

2)中国记录 10 项，其中编号为 9 的客星，“炎长三寸”，相当于 0.2°～0.3°，是新星或超新星的可能性不大。编号为 27 的记录，该星“长一尺”，肯定是彗星。

编号为 13 的记录，全文为“客星出梗河西北，指贯索，七十日去”。这里有个“指”字，似为彗星，但又 70 日方去，未言行动，又似为新星。

编号为 50 的记录，原文为“有星孛于太微，犯郎位，七月甲戌不见”。郎位在太微垣内，“孛于太微”与“犯郎位”并无矛盾；然《新唐书 • 礼乐四》内有载“（唐太宗贞观）十五年，将东幸，行至洛阳，而彗星见，乃止”，可见这颗彗星影响之大，故此不宜将此记录列入历史新星或超新星记录。

编号为 38 的记录原文为“十月，客星色白如粉絮，在太微西，至十二月，入太微”。从描述的内容和该星银纬太高（60°）又近黄道来看，是彗星的可能性大。

编号为 78 的“有星出外屏，有芒气”的记录更大可能系彗星记录，在《宋史 • 天文九》中，明确将此项记录列入“彗星”类目之内。

编号为 44 和 64 的记录，既说“似（如）孛”，很有可能是彗星。

发生于公元前 76 年的唯一的烛星记录（编号为 7），黄一农于 1987 年发表文章，认为是一轨迹平行于视线的大流星。

另有一项（编号 45）内容不详。

（6）Li 独有的共 7 项，其中：

编号为 71 的引《旧五代史 • 庄宗纪》：“客星犯天库。”中国古代没有“天库”这个星官，李认为即“库楼”，但同一件事在《新五代史 • 司天考》中的记载为“天成元年三月，恶星入天库，流星犯天棓”。从这条记载看，“天库”可能是“天床”之误。天床就在天棓附近，都在现在的天龙座，这次记载可能是流星雨。

编号为 99 和 101 的两项系抄自《宋史·天文志》流陨部分，对于流星，也常用“星出”记录，故此混淆。

值得注意的是编号为 108 的记录，它来自《明太宗实录》，且言明是“盖周伯德星云”，1978 年李即提出这是一次超新星的爆发，天鹅 X-1 即其遗迹，在国际上引起热烈的讨论，现在倾向于 CTB-80 是它的遗迹。

还有一项编号为 85 的来源于《契丹国志》的记录，内容很简单，而在《宋史·天文志》中记载很详：“（宋哲宗二年六月壬寅）（1087 年 7 月 24 日）星出文昌东，如杯，向北急流，至浊没，赤黄，有尾迹，照地明。”显然是一颗大流星。

编号为 91 的宋孝宗乾道二年（1166）的记录，相当于日本仁安元年，在日本《泰亲朝臣记》中关于这次天象有连续一星期的记载，有“其光芒指右执法，长三尺”等，肯定是彗星。

编号为 115 的“客星见天厩星旁”。可能是刍藁型长周期变星仙女 R，天厩一、二、三为仙后座 θ、ρ、σ 星，其星等为 4.4、5.2、4.5。此三星呈一弓背形，仙女 R 恰在弓背的旁边，其亮度变幅 5.9～14.9^{m}，经常看不见，偶尔能看见。

在复查中，还发现编号为 105 的记录，系来源于《明史·天文志》，但在《明太祖实录》中，却系一项流星记录，只因末一句“东北行至近浊没”被编《明史》者删去，以致 XB、CS 和 Li 都把它误认成新星或超新星了。

综上所述，证认工作是非常艰难的，即使是上述 3 个表都已列入的 34 项，使用时也还要认真地核对和分析。我们希望从过去的记录中找到更多的新星或超新星，但事实上不少记录似是而非，把它们排除掉将更有利于超新星的证认。

〔庄威凤：《中国古代天象记录的研究与应用》，
北京：中国科学技术出版社，2009 年；写作日期：1996 年〕